建筑施工特种作业人员安全技术考核培训统编教材

建筑起重机械司机

（塔式起重机）

主编　仝茂祥　徐　惠

中国劳动社会保障出版社

图书在版编目(CIP)数据

建筑起重机械司机. 塔式起重机/仝茂祥，徐惠主编. —北京：中国劳动社会保障出版社，2011

建筑施工特种作业人员安全技术考核培训统编教材

ISBN 978-7-5045-9272-9

Ⅰ. ①建… Ⅱ. ①仝…②徐… Ⅲ. ①塔式起重机-技术培训-教材 Ⅳ. ①TH213.3

中国版本图书馆 CIP 数据核字(2011)第 188147 号

中国劳动社会保障出版社出版发行

（北京市惠新东街1号　邮政编码：100029）

出版人：张梦欣

＊

北京市艺辉印刷有限公司印刷装订　新华书店经销
850毫米×1168毫米　32开本　9.25印张　217千字
2011年9月第1版　2020年6月第3次印刷
定价：25.00元

读者服务部电话：(010) 64929211/84209101/64921644
营销中心电话：(010) 64962347
出版社网址：http://www.class.com.cn

版权专有　　侵权必究

如有印装差错，请与本社联系调换：(010) 81211666
我社将与版权执法机关配合，大力打击盗印、销售和使用盗版图书活动，敬请广大读者协助举报，经查实将给予举报者奖励。
举报电话：(010) 64954652

内 容 简 介

本书为建筑施工特种作业人员培训考核统编教材之一，主要针对塔式起重机司机的安全技术培训，根据《建筑施工特种作业人员管理规定》（建质〔2008〕75号）和《关于建筑施工特种作业人员考核工作的实施意见》（建办质〔2008〕41号），确定编写大纲与教材内容。

全书内容共分11章，第一部分理论知识包括：专业基础知识、塔式起重机概述、塔式起重机主要机构及组成、塔式起重机安全装置、塔式起重机取物装置、塔式起重机基础与附着装置；第二部分实践知识包括：塔式起重机安全操作规程、塔式起重机安全技术管理、塔式起重机维修保养及故障排除、塔式起重机易发事故成因及预防、起重吊运指挥信号。

本书充分考虑实际培训的需要，以建筑施工特种作业人员安全技术培训实践为本套教材的基本定位，以服务于各培训单位和培训人员为目标，让学员高效地通过考核，成功取证。同时还可作为企事业单位安全管理人员的培训参考用书。

前　言

　　建筑施工是高危行业之一，从事建筑施工的作业人员按照规定分为建筑电工、建筑焊工、建筑架子工等若干工种，其安全生产管理历来受政府高度重视。所谓建筑施工特种作业人员，是指在房屋建筑和市政工程施工活动中，从事可能对本人、他人及周围设备设施的安全造成重大危害作业的人员。为加强对建筑施工特种作业人员的管理，防止和减少生产安全事故，住房和城乡建设部于2008年先后发布施行了《建筑施工特种作业人员管理规定》和《关于建筑施工特种作业人员考核工作的实施意见》。根据《建设工程安全生产管理条例》和《安全生产许可证条例》相关规定，建筑施工特种作业人员必须按照国家有关规定经过专门的安全作业培训，并取得特种作业操作资格证书后，方可上岗作业。特种作业人员的安全技术考核培训和管理工作又上了一个新台阶。

　　目前，建筑施工特种作业人员培训考核工作已经正式开展并取得良好的效果，培训单位和培训人员急需有针对性和实用性的教材。鉴于此，根据住房和城乡建设部颁布的《建筑施工特种作业人员规定》和《建筑施工特种作业人员安全技术考核大纲（试行）》《建筑施工特种作业人员安全操作技能考核标准（试行）》的要求，我们组织编写了"建筑施工特种作业人员安全技术考核培训统编教材"。本套教材共14种，包括《建筑施工特种作业安全生产知识》《建筑电工》《建筑焊工》《建筑架子工（普通脚手架）》《建筑架子工（附着升降脚手架）》《建筑起重司索信号工》《建筑起重机械司机（塔式起重机)》《建筑起重机械司机（流动式起重机）》《建筑起重机械司机（施工升降机）》《建筑起重机械司机（物料提升机）》《建筑起重机械安装拆卸工（塔式起重机）》《建筑起重机械安装拆卸工（施工升降机）》《建筑起重机械安装拆卸工（物料提升机）》《高处作业吊篮安装拆卸工》，其中，《建筑施工特种作业安全生产知识》为每个工种必修的基础知识，为通用教材。

本套教材针对建筑施工特种作业人员各工种的安全技术考核培训，紧扣考核大纲和技能操作考核标准，具有科学性、实用性和适用性的特点，内容深入浅出、通俗易懂、图文并茂。本套教材充分考虑实际培训的需要，以建筑施工特种作业人员安全技术培训实践为基本定位，以服务于各培训单位和培训人员为目标，让学员高效地通过考核，成功取证。同时还可作为企事业单位安全管理人员的培训参考用书。本套教材编写过程中，地方建筑工程管理局、相关高职院校、培训单位和企业的专家、学者积极参与并进行了稿件的审读工作，各书种主编都是多年从事建筑特种作业人员培训的授课老师，使教材真正达到"少而精""实用、管用"。参加本套书组织和编写的人员有：仝茂祥、徐惠、胡世杰、叶琦、黄代高、吴建华、王有志、鲍利、任彦斌、黄小明、程国强、张鸿文、孙超、周冠南、文熠。其中，仝茂祥、徐惠、胡世杰所在单位为中国十七冶集团有限公司，在编写过程中得到中国十七冶集团有限公司等企业的大力支持。

由于时间关系，书中难免有错误和不足之处，欢迎广大读者给予批评指正。

编写工作组
2010 年 7 月

目 录

第一部分 理 论 知 识

第一章 专业基础知识 (2)
第一节 力学基础知识 (2)
第二节 电学基础知识 (17)
第三节 机械基础知识 (33)
第四节 液压传动基础知识 (43)

第二章 塔式起重机概述 (56)
第一节 塔式起重机的概况 (56)
第二节 塔式起重机的分类及特点 (61)
第三节 塔式起重机主要技术参数 (68)

第三章 塔式起重机主要机构及组成 (74)
第一节 塔式起重机的金属结构 (74)
第二节 塔式起重机的工作机构 (89)
第三节 塔式起重机的电气系统 (96)

第四章 塔式起重机安全装置 (103)
第一节 限位装置 (103)
第二节 保险装置 (110)
第三节 限制装置 (113)
第四节 监控装置 (125)

第五章　塔式起重机取物装置 ……………………（129）

　　第一节　钢丝绳 ……………………………………（129）
　　第二节　吊钩 ………………………………………（145）
　　第三节　滑轮及滑轮组 ……………………………（148）
　　第四节　钢丝绳卷筒 ………………………………（153）

第六章　塔式起重机基础与附着装置 ……………（155）

　　第一节　塔式起重机基础 …………………………（155）
　　第二节　塔式起重机附着装置 ……………………（165）

第二部分　实　践　知　识

第七章　塔式起重机安全操作规程 ………………（172）

　　第一节　塔式起重机使用条件和要求 ……………（172）
　　第二节　塔式起重机司机安全操作技能 …………（175）
　　第三节　塔式起重机司机安全操作规程 …………（181）

第八章　塔式起重机安全技术管理 ………………（190）

　　第一节　塔式起重机作业人员的安全管理 ………（190）
　　第二节　塔式起重机司机应具备的岗位能力 ……（198）
　　第三节　塔式起重机使用安全管理 ………………（202）

第九章　塔式起重机维修保养及故障排除 ………（211）

　　第一节　塔式起重机维护保养 ……………………（211）
　　第二节　塔式起重机定期检查与维修 ……………（213）
　　第三节　塔式起重机故障判断及处置 ……………（219）

第十章　塔式起重机易发事故成因及预防 ………（231）

　　第一节　塔式起重机安全事故成因分析 …………（231）
　　第二节　塔式起重机安全事故及预防措施 ………（236）

第三节　塔式起重机安全事故应急处置 …………… (241)
　　第四节　塔式起重机倾覆事故案例分析 …………… (244)

第十一章　起重吊运指挥信号 …………………………… (248)
　　第一节　起重吊运指挥信号 …………………………… (248)
　　第二节　指挥信号的应用 ……………………………… (267)
　　第三节　司索信号工安全技术 ………………………… (271)

附件1　建筑起重机械司机（塔式起重机）安全技术考核大纲 ………………………………………………… (276)

附件2　建筑起重机械司机（塔式起重机）安全技术操作技能考核标准 ……………………………………… (278)

参考文献 …………………………………………………… (284)

第一部分
理论知识

第一章
专业基础知识

与塔式起重机（简称塔机）相关的专业知识包括力学、电学、机械、液压基本理论知识，掌握这四个方面的知识不仅是塔机司机保证起重作业安全的岗位能力要求，也是起重安全作业的基本保障。

第一节 力学基础知识

力是物体间的相互机械作用，这种作用可以改变物体的运动状态或使物体发生变形。根据这一理论，塔机司机如果不掌握力与塔机之间的机械作用，就很难认识改变物体的运动状态或使物体发生变形的根源。

一、力学基本概念

1. 力的概念

力是一个物体对另一个物体的作用，它包括了两个物体。一个叫做受力物体，另一个叫做施力物体，其结果是使物体的运动状态发生变化或使物体发生变形。

2. 力的三要素

力作用在物体上，要使物体产生预想的效果，这种效果不但与力的大小有关，而且与力的方向和力的作用点有关。在力学中，把"力的大小、方向和作用点"称为力的三要素。

3. 力的性质

在长期的生产实践中，人们经过经验的积累和实践的验证，逐渐认识了力所遵循的客观规律，其中最基本的规律可归纳为以下三条静力学定律：

（1）力的作用和反作用定律

力是物体间的相互作用，若将两物体间相互作用之一的受力称为作用力，则另一个就称为反作用力。两物体间的作用力和反作用力大小相等，方向相反，且沿同一条作用线分别作用在两个物体上。如图1—1所示，绳索的下端吊一重物，绳索给重物的作用力为T，重物给绳索的反作用力为T'，T和T'等值、反向、共线，且分别作用在两个物体上。

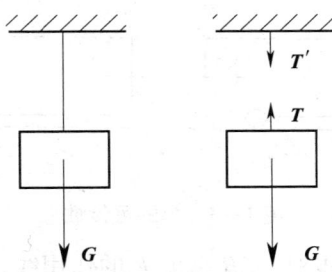

图1—1 作用力和反作用力

应注意作用力和反作用力是分别作用在两个相互作用的物体上的，因此，不能将作用力和反作用力看成一平衡力系而相互抵消。

（2）二力平衡定律

二力平衡定律是指作用在一个物体上的两个力，在同一条直线上大小相等，方向相反，其合力为零，使物体保持静止状态或匀速运动状态。如图1—2所示，若重物处于静

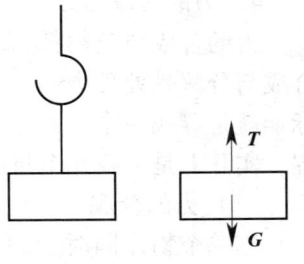

图1—2 二力的平衡

止状态(或以等速上升),此时钢丝绳对重物的拉力 T 与重物重力 G 保持平衡,即 T 和 G 大小相等,方向相反,并沿同一作用线,简述为两个力的平衡条件是两个力的合力等于零,即 $G + T = 0$。

(3)加减平衡力系定律

在任意一个已知力系上加上或减去任意的平衡力系,不会改变原力系对物体的作用效应。

从上面的三条定律中可以得出一个重要推论:作用在物体上的力,其作用点可沿其作用线(作用线即通过力的作用点,沿力的方向的直线)滑移到任何位置,不会改变此力对物体的作用效应,称为力的可传性,如图1—3所示。

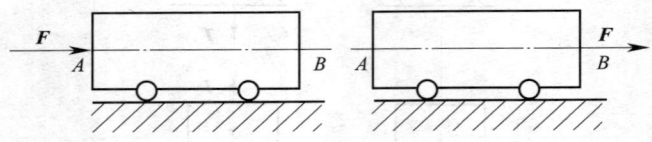

图1—3 力的可传性

当力作用在 A 点时,AB 是力 F 的作用线,此时是推车;当力作用在 B 点时,则是拉车。只要力 F 的大小、方向不变,无论作用于 A 点或 B 点,其效果是完全相同的。

4.力的合成与分解

力的合成与分解体现了用等效的方法研究物理问题。力的合成与分解是处理力的一种手段和方法,求力的合成的过程实际上就是寻找一个与几个力等效的力的过程;求力的分解的过程,实际上是寻找几个与这个力等效的力的过程。

(1)力的合成

当一个物体同时受到几个力的作用时,产生的效果与某一个力作用产生的效果相同,这个力就叫做那几个力的合力,求几个力的合力叫做力的合成,如图1—4所示。

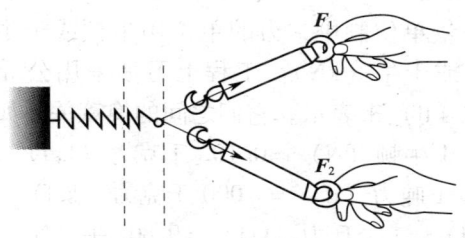

图1—4　一个物体同时受到几个力的作用

（2）力的分解

一个已知力（合力）作用在物体上产生的效果可以用两个或两个以上同时作用的力（分力）来代替。由合力求分力的方法叫做力的分解。力的分解可用下面两种方法进行：

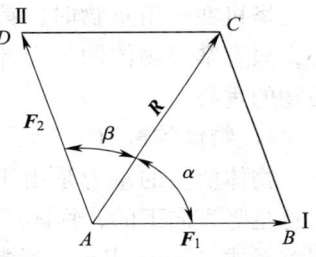

图1—5　力的分解

1）图解法。力的分解是力的合成的逆运算，把已知力作为平行四边形的对角线，平行四边形的两个邻边就是这个已知力的两个分力，如图1—5所示。

2）三角函数法。计算时，利用三角函数公式求已知力的分力。

$$F_1 = \frac{R\sin\beta}{\sin(\alpha+\beta)}$$

$$F_2 = \frac{R\sin\alpha}{\sin(\alpha+\beta)}$$

5．力的平衡

作用在物体上几个力的合力为零，这种情形叫做力的平衡。

在起重吊装作业中，因力的不平衡可能造成被吊运物体的翻转、失控、倾覆，只有被吊运物体上作用的力保持平衡，才能保证物体处于静止或匀速运动状态，才能保持被吊物体稳定。

6. 力的单位

在国际计量单位制中，力的单位用牛顿或千牛顿表示，简写为牛（N）或千牛（kN）。工程上习惯采用公斤力、千克力（kgf）和吨力（tf）来表示。它们之间的换算关系如下：

$$1 \text{牛顿（N）} = 0.102 \text{千克力（kgf）}$$
$$1 \text{吨力（tf）} = 1\,000 \text{千克力（kgf）}$$
$$1 \text{千克力（kgf）} = 1 \text{公斤力（kgf）} = 9.807 \text{牛（N）} \approx 10 \text{牛（N）}$$

二、物体重心和吊点的确立

塔机在起吊重物时，首先应该掌握被起吊重物的重力和重心，只有掌握物体的重力才能选择适宜的吊装方式，准确确立吊物的重心。

1. 物体的重力

物体所受的重力是由于地球的吸引力而产生的，重力的方向总是竖直向下的，物体所受的重力 G 和物体的质量 m 成正比，用关系式 $G = mg$ 表示。通常在地球表面附近 g 取值为 9.8 N/kg，表示质量为 1 kg 的物体受到的重力为 9.8 N。

2. 物体的重心

由于地球的引力，物体内部各质点都要受到重力的作用，各质点重力的合力作用点，即物体各部分重力的集中点就是物体的重心位置。如图 1—6 所示，C 点为物体的重心。

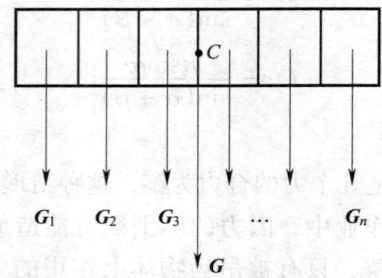

图 1—6　物体的重心

在起重吊装施工中，了解物体的重心是极其重要的。只有确定被吊物体的重心位置，才能准确地选择好起吊点和绑挂方法。

如图1—7所示，有一长方形构件，现用一根吊索起吊，先找出重心，然后将吊索绑在与构件重心成一铅垂线上方的位置上，此时吊起时构件可保持平衡。

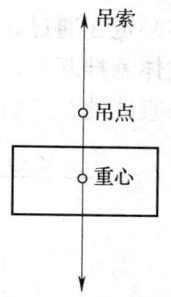

图1—7　长方形构件吊装方法

3．重心位置的确定

（1）规则形状物体的重心

对于具有对称轴线或对称中心的物体，其重心在该对称轴线或对称中心上。如正方体或长方体，其重心位置在对角线的交点上；圆棒的重心在其中间截面与轴线的交点上；三棱体的重心在其中间截面三角形的三条中线的交点上，如图1—8所示。

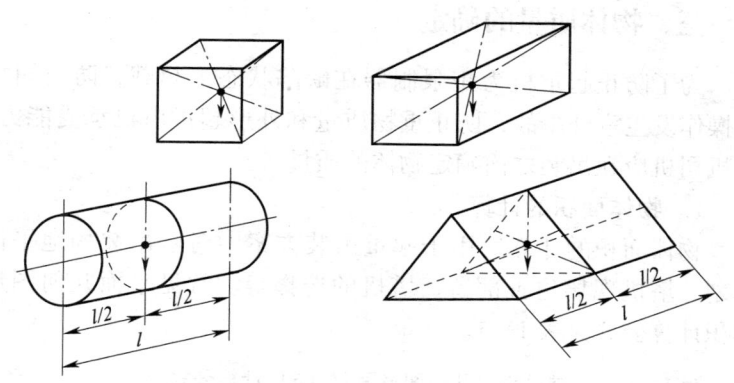

图1—8　规则形状物体的重心

（2）不规则形状物体的重心

对于形状复杂的物体，可以用悬挂法求出它们的重心，如图1—9所示。方法是在物体上任意找一点 A，用绳子把它悬挂起来，物体的重力和绳子的拉力必定在同一条直线上，也就是

重心必定在通过 A 点所作的竖直线 AD 上；再任取一点 B，同样把物体悬挂起来，重心必定在通过 B 点所作的竖直线 BE 上。这两条直线的交点就是该物体的重心。

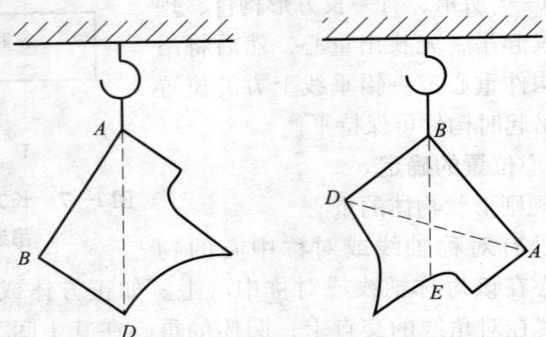

图1—9　用悬挂法求形状不规则物体的重心

三、物体质量的确定

为了防止起重机力矩限制器在缺陷状态下超载，防止司机误操作发生意外事故，防止重物质量和外形超过塔机承受能力，塔机司机应在吊装之前确定物体的质量。

1. 物体面积的计算

物体面积的计算适用于起重吊装方案中对于吊装场地平面规划、塔机现场位置部署、塔机的选择等。常见平面几何图形面积计算公式见表1—1。

表1—1　常见平面几何图形面积（S）计算公式

名称	图形	面积计算公式
正方形	（边长为 a 的正方形）	$S = a^2$

续表

名称	图形	面积计算公式
长方形		$S = ab$
平行四边形		$S = ah$
三角形		$S = \dfrac{1}{2}ah$
梯形		$S = \dfrac{(a+b)h}{2}$
圆形		$S = \dfrac{\pi}{4}d^2$（或 $S = \pi R^2$） 式中　d——圆直径 　　　R——圆半径
圆环形		$S = \dfrac{\pi}{4}(D^2 - d^2) = \pi(R^2 - r^2)$ 式中　d、D——内、外圆环直径 　　　r、R——内、外圆环半径
扇形		$S = \dfrac{\pi R^2 \alpha}{360}$ 式中　α——圆心角，(°)

在实际工作中,遇到的设备或物体不一定是上述所介绍的几种规则形状,往往是不规则的几何形状居多。当遇到不规则形状的物体时,可以把它们分割成几种规则或近似规则的图形,分别计算出结果,然后相加得到总面积。

2. 物体体积的计算

在一件物体质量不明的情况下,吊装前应掌握物体的体积,几种常见的几何体的体积计算公式见表1—2。

表1—2　几种常见的几何体的体积(V)计算公式

名称	图形	公式
立方体	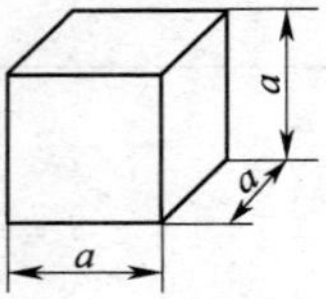	$V = a^3$
长方体	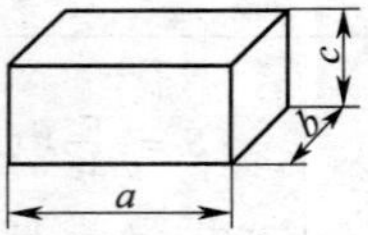	$V = abc$
圆柱体	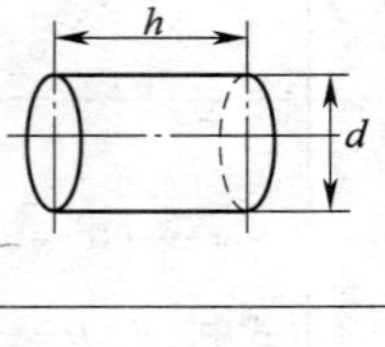	$V = \dfrac{\pi}{4}d^2 h = \pi R^2 h$ 式中　R——半径
空心圆柱体	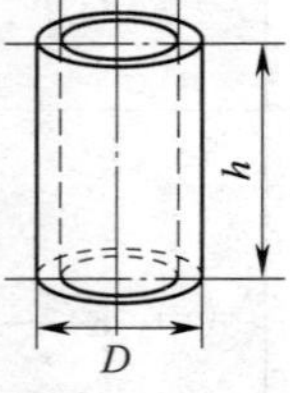	$V = \dfrac{\pi}{4}(D^2 - d^2)h$ $= \pi(R^2 - r^2)h$ 式中　r、R——内、外圆半径

续表

名称	图形	公式
斜截正圆柱体		$V = \dfrac{\pi}{4}d^2 \dfrac{(h_1+h)}{2}$ $= \pi R^2 \dfrac{(h_1+h)}{2}$ 式中 R——半径
球体		$V = \dfrac{4}{3}\pi R^3 = \dfrac{1}{6}\pi d^3$ 式中 R——底圆半径 d——底圆直径
圆锥体		$V = \dfrac{1}{12}\pi d^2 h = \dfrac{\pi}{3}R^2 h$ 式中 R——底圆半径 d——底圆直径
任意三棱体		$V = \dfrac{1}{2}bhl$ 式中 b——边长 h——高 l——三棱体长
截头方锥体		$V = \dfrac{h}{6} \times [(2a+a_1)b - (2a_1+a)b_1]$ 式中 a、a_1——上、下边长 b、b_1——上、下边宽 h——高

续表

名称	图形	公式
正六棱柱		$V = \dfrac{3\sqrt{3}}{2}b^2 h$ $V = 2.598 b^2 h \approx 2.6 b^2 h$ 式中 b——底边长

3. 物体质量的计算

(1) 密度

在物理学中,把某种物质单位体积的质量叫做这种物质的密度,其单位是 kg/m^3,常用物质的密度见表 1—3。

表 1—3　　　　常用物质的密度

物体材料	密度/($\times 10^3 kg/m^3$)	物体材料	密度/($\times 10^3 kg/m^3$)
水	1.0	混凝土	2.4
钢	7.85	碎石	1.6
铸铁	7.2~7.3	水泥	0.9~1.6
铸铁、镍	8.6~8.9	砖	1.4~2.0
铝	2.7	煤	0.6~0.8
铅	11.34	焦炭	0.35~0.53
铁矿	1.5~2.5	石灰石	1.2~1.5
木材	0.5~0.7	型砂	0.8~1.3

(2) 物体质量的计算方法

物体的质量等于构成该物体的材料密度与体积的乘积,其表达式为:

$$m = \rho V$$

式中　m——物体的质量,kg;

ρ——物体的材料密度，kg/m³；

V——物体的体积，m³。

4. 物体质量的估算

在起重安装运输作业中，在没有详细资料的情况下多数采用估算法来确定物体的质量。为了安全起见，估算的物体质量一般应略大于实际质量。

（1）钢板质量的估算

在估算钢板质量时，只需记住每平方米钢板 1 mm 厚时的质量为 7.8 kg，就可以方便地进行计算，估算步骤如下：

1）先估算出钢板的面积。

2）再将估出钢板的面积乘以 7.8，得到该钢板每毫米厚的质量。

3）然后再乘以该钢板的厚度，即可得到该钢板的质量。

例 求长 5 m、宽 2 m、厚 10 mm 的钢板质量。

解：该钢板的面积为：$5 \times 2 = 10$（m²）

钢板每毫米厚的质量为：$10 \times 7.8 = 78$（kg）

10 mm 厚钢板的质量为：$78 \times 10 = 780$（kg）

（2）钢管质量的估算

估算钢管质量时，先求每米长的钢管质量，再求钢管全长的质量。估算步骤如下：

1）先求每米长的钢管质量。公式为：

$$m_1 = 2.46 \times 钢管壁厚 \times (钢管外径 - 钢管壁厚)$$

式中 m_1——每米长钢管的质量，kg。

钢管外径及壁厚的单位为厘米（cm）。

2）再求钢管全长的质量。

例 求一根长 6 m、外径为 100 mm、壁厚为 10 mm 的钢管质量。

解：每米长钢管质量为：$m_1 = 2.46 \times 1 \times (10 - 1) = 22.14$（kg）

6 m长钢管质量为：$m = 6 \times m_1 = 6 \times 22.14 = 132.84$（kg）

（3）圆钢质量的估算

估算圆钢质量时，先求每米长的圆钢质量，再求圆钢的总质量。估算步骤如下：

1）每米长圆钢质量的估算公式。公式为：
$$m_1 = 0.6123 d^2$$

式中　m_1——每米长圆钢质量，kg；

　　　d——圆钢直径，cm。

2）用每米长圆钢质量乘以圆钢长度，得出圆钢的总质量。

例　试求一根长8 m、直径为10 cm的圆钢质量。

解：每米长圆钢质量为：$m_1 = 0.6123 \times 10^2 = 61.23$（kg）

8 m长圆钢质量为：$m = 8 \times m_1 = 8 \times 61.23 = 489.84$（kg）

（4）等边角钢质量的估算

估算等边角钢质量时，先求每米长等边角钢的质量，再求等边角钢的总质量。估算步骤如下：

1）每米长等边角钢的质量估算公式。公式为：
$$m_1 = 1.5 \times 角钢边长 \times 角钢厚度$$

式中　m_1——每米长等边角钢的质量，kg。

角钢边长及壁厚单位为厘米（cm）。

2）用每米长角钢质量乘以角钢长度，得出角钢的总质量。

例　求3 m长，50 mm×50 mm×6 mm等边角钢的质量。

解：50 mm = 5 cm；6 mm = 0.6 cm

每米长等边角钢的质量为：$m_1 = 1.5 \times 5 \times 0.6 = 4.5$（kg）

3 m长等边角钢质量为：$m = 3 \times m_1 = 3 \times 4.5 = 13.5$（kg）

四、物体变形的基本形式

变形是指物体由于应力、热膨胀、冷缩、化学转换、金相组织转变或水分变化引起收缩或膨胀所产生的形状或尺寸变化。

物体在外力作用下产生变形，当外力取消后，物体变形消失并能完全恢复原来形状，称为弹性变形；应力超过弹性极限即产生塑性变形，此时，即使去除外力，也不能恢复到变形前的状态。变形的基本形式有拉伸、压缩、剪切、扭转、弯曲等。

1. 拉伸

如图1—10所示，当物体两端受到大小相等、方向相反、作用线在轴线上的拉力作用时，物体伸长，这就是拉伸变形。起重机钢丝绳在频繁的起重作业中受拉伸作用，使钢丝绳加长变形，这种变形就是拉伸变形。

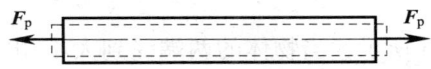

图1—10 物体的拉伸变形

2. 压缩

如图1—11所示，当物体两端受到大小相等、方向相反、作用线在轴线上的压力作用时，物体缩短，这种变形称为压缩变形。

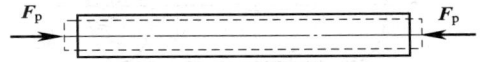

图1—11 物体的压缩变形

起吊重物的钢索、桁架的杆件、液压缸的活塞杆等的变形，都属于拉伸或压缩变形。

3. 剪切

如图1—12所示，物体受大小相等、方向相反、作用线距离较近的两外力作用时，物体上两外力之间的局部出现错位，这种变形叫做剪切变形，物体所受的力就是剪切力。

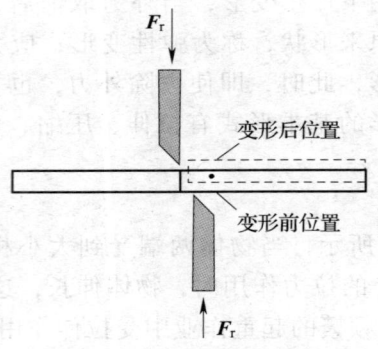

图1—12 物体的剪切变形

4. 扭转

如图 1—13 所示,当物体的两端受到大小相等、方向相反、作用面垂直于物体轴线的两个力作用时,使物体任意两截面出现绕轴线的相对转动,这就是扭转变形。物体所受的力叫做扭转力,在扭转力作用下产生的应力叫做扭转应力。如电动机的输出轴、汽车的转向轴、变速器的输出轴等都承受扭转变形。

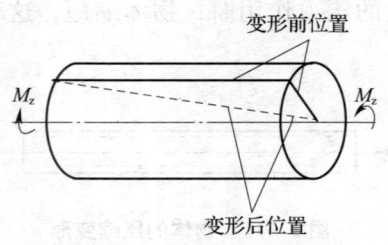

图1—13 物体的扭转变形

5. 弯曲

如图 1—14 所示,当物体受到与其轴线垂直的外力或轴线平面内的力偶作用时,物体轴线由直线变成曲线,这种变形叫做弯曲变形。如桥式起重机大梁的弯曲变形、建筑横梁受力后的变形就属于这种类型。

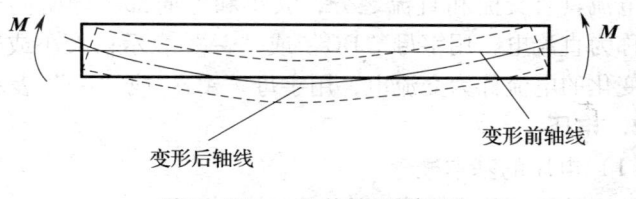

图1—14　物体的扭转变形

第二节　电学基础知识

电在造福人类的同时,也带来了危险,可毁坏设备,引发火灾,还会造成人身伤亡事故。塔式起重机的动力源、电动设备、电气装置等无一例外与电紧密相连。因此,塔机司机应掌握电学基础知识,发挥电的作用,避免电的危害。

一、电的基础知识

1. 电流

(1) 电流的基本概念

电流是指在电路中电荷有规则的运动。电流一般用符号"I"表示。

(2) 电流的单位

电流的大小用电流强度来表示。表示电流强度的单位是安培,简称安,用符号"A"表示。在有些电路中流过的电流很小,通常用毫安(mA)、微安(μm)来计量。

它们之间的换算关系是:

$$1\ A = 1\ 000\ mA$$
$$1\ mA = 1\ 000\ \mu A$$

(3) 电流的种类

电流具有交流和直流之分,大小和方向都不随时间变化的电流称为直流电,用字母"DC"或"-"表示;大小或方向随时间变化的电流称为交流电,用字母"AC"或"~"表示。

2. 电压

(1) 电压的基本概念

电压是指电路中任意两点之间的电位差。

(2) 电压的单位

电压的基本单位是伏特,简称伏,用字母"V"表示,高电压用千伏(kV)表示,低电压用毫伏(mV)表示。

它们之间的换算关系是:

$$1 \text{ kV} = 1\ 000 \text{ V}$$

$$1 \text{ V} = 1\ 000 \text{ mV}$$

(3) 电压的测量

测量电压大小的仪表叫做电压表,又称伏特表,分直流电压表和交流电压表两类。测量时,必须将电压表并联在被测量电路中。每个电压表都有一定的测量范围(即量程)。使用时,必须注意所测的电压不得超过电压表的量程。

(4) 电压的等级

电压按等级划分为高压、低压与安全电压。

高压是指电气设备对地电压在 10 kV 以上。

低压是指电气设备对地电压在 10 kV 以下。

安全电压有五个等级,分别为 42 V、36 V、24 V、12 V、6 V。

3. 电阻

(1) 电阻的基本概念

电阻是指导体对电流的阻碍作用。

(2) 电阻的单位

电阻用符号"R"表示,表示电阻大小的单位是欧姆,简称欧,用符号"Ω"表示。大电阻值可用千欧(kΩ)或兆欧

（MΩ）表示。

它们之间的换算关系是：

$$1 \text{ k}\Omega = 1\,000 \text{ }\Omega$$

$$1 \text{ M}\Omega = 1\,000\,000 \text{ }\Omega$$

（3）电阻的测量

电阻一般采用万用表测量，把万用表转换开关拨至电阻挡（×1，×10，×100，×1 k），选择适当的量程，两表笔短接后旋转调零旋钮，使指针指在零刻线上，然后用两表笔分别接触待测电阻的两端，从万用表指针所指的数值即可知道电阻值（电阻值等于指示数值乘以所选量程的倍数）。

二、电路

1. 电路的基本概念

电路是指电流流通的路径。电路的作用是产生、分配、传输和使用电能。电路一般由电源、负载、导线和控制器件四个基本部分组成，如图1—15所示。

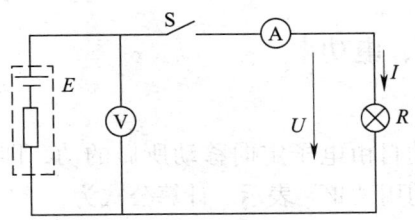

图1—15 电路的组成

2. 电路的类别

（1）按照负载的连接方式分类

电路可分为串联电路和并联电路。电路中电流依次通过每一个组成元件的电路称为串联电路；所有负载（电源）的输入端和输出端分别被连接在一起的电路称为并联电路。

（2）按照电流的性质分类

电路可分为交流电路和直流电路。电压和电流的大小及方向随时间变化的电路称为交流电路；电压和电流的大小及方向不随时间变化的电路称为直流电路。

3. 电路的状态

（1）通路

当电路的开关闭合，负载中有电流通过时称为通路，电路正常工作状态为通路。

（2）开路

开路即断路，是指电路中开关打开或电路中某处断开时的状态，开路时电路中无电流通过。

（3）短路

电源两端的导线因某种故障未经过负载而直接连通时称为短路。短路时负载中无电流通过，流过导线的电流比正常工作时大几十倍甚至数百倍，短时间内就会使导线产生大量的热量，造成导线熔断或过热而引发火灾，短路是一种事故状态，应避免发生。

三、电功、电功率

1. 电功

电场力推动自由电子定向移动所做的功，即电流所做的功称为电功，电功用"W"表示。计算公式为：

$$W = UIt$$

国际单位：焦耳，简称焦，用 J 表示。

常用单位：千瓦时，用 kW·h 表示。

换算关系：$1 \text{ kW·h} = 3.6 \times 10^6 \text{ J}$。

2. 电功率

电功率是表示电流做功快慢的物理量，即电流在单位时间内完成的功，简称功率，用"P"表示。计算公式为：

$$P = W/t = UI$$

国际单位：瓦特，简称瓦，用 W 表示。
常用单位：千瓦，用 kW 表示。
换算：1 kW = 1 000 W
电功和电功率的区别与联系见表1—4。

表1—4　　　电功和电功率的区别与联系

特点比较	电功	电功率
概念	电流所做的功	电流在单位时间内所做的功
意义	电流做功多少	电流做功快慢
公式	$W = UIt$	$P = UI$
单位	焦耳（J）、千瓦时（kW·h）	瓦特（W）、千瓦（kW）
测量方法	用电能表直接测量	用伏安法间接测量
联系	$W = Pt$	$P = \dfrac{W}{t}$

四、三相交流电

1. 三相交流电的基本概念

三相交流电是指由三个频率相同、电势振幅相等、相位互差120°角的交流电路组成的电力系统。我国工业生产上普遍采用三相交流电。塔式起重机一般采用三相交流电作为动力源。

2. 三相四线制供电方式

三相四线制采取接零保护方式，将电气设备的金属外壳与工作零线相连接，形成保护系统，用 TN 表示。TN–C 方式供电系统是用工作零线兼作接零保护线，可以称为保护中性线，用 NPE 表示，即常用的三相四线制供电方式。三相四线制供电方式缺乏可靠的安全保障性，因此被三相五线制供电方式所取代。

3. 三相五线制供电方式

在三相四线制供电系统中，把零线的两个作用分开，即一根线作为工作零线（N），另外用一根线专门作为保护零线（PE），称为三相五线制供电方式。三相五线制包括三根相线、一根工作零线、一根保护零线。三相五线制的接线方式如图1—16所示。

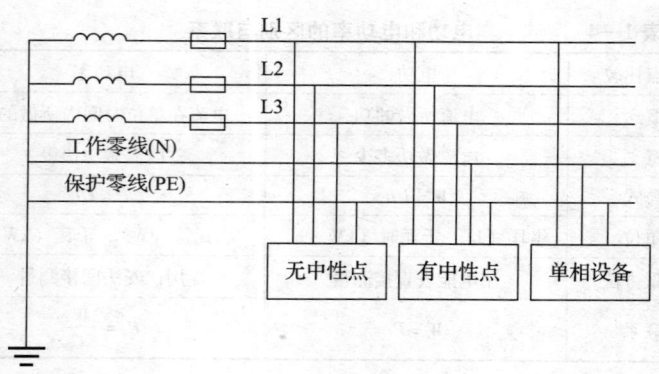

图1—16 三相五线制的接线方式

五、三相异步电动机基本知识

1. 三相异步电动机的概念

三相异步电动机是三相对称电流流入对称的三相定子绕组，在定子绕组的空间产生一个圆形的旋转磁场，旋转磁场与转子导体之间有相对运动，转子导体中产生感应电流，感应电流在磁场中受到电磁力的作用产生电磁转矩，顺着旋转磁场的方向旋转，从而实现电能向机械能的转换。三相异步电动机也叫三相感应电动机，其转子感应结构分为两种类型，即笼形异步电动机和绕线转子异步电动机，分别如图1—17和图1—18所示。

在塔式起重机中，其行走、变幅、卷扬、回转机构的电动机都采用三相异步电动机。

图 1—17 笼形异步电动机

图 1—18 绕线转子异步电动机

2. 三相异步电动机的结构

三相异步电动机的种类很多，但结构都基本相同，都由定子、转子和辅助装置组成，如图 1—19 所示。

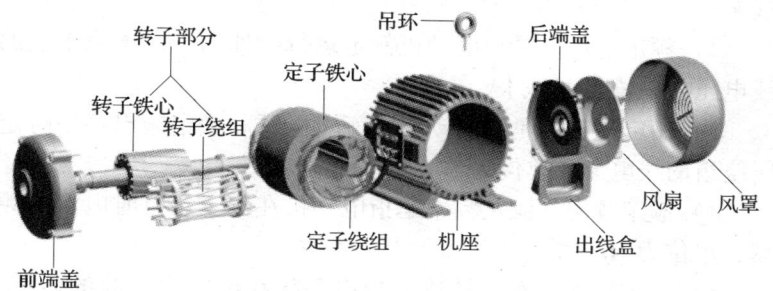

图 1—19 笼形异步电动机主要部件

3. 三相异步电动机的铭牌

电动机出厂时,在机座上标有一块铭牌,上面标有该电动机的型号、规格和有关数据。

(1) 铭牌标志

以 Y132M—4 型电动机为例,说明铭牌上各个数据。

三相异步电动机					
型号	Y132M—4	功率	7.5kW	频率	50Hz
电压	380V	电流	15.4A	接法	△
转速	1 440r/min	绝缘等级	B	工作方式	连续
年 月 编号				××电机厂	

型号 Y132M—4 分别表示为:

Y——异步电动机;

132——机座号;

M——机座长度代号;

4——电动机的磁极数。

(2) 技术参数

1) 额定功率。电动机的额定功率也称额定容量,表示电动机在额定工作状态下运行时轴上能输出的机械功率,单位为 W 或 kW。

2) 额定电压。是指电动机额定运行时外加于定子绕组上的线电压,单位为 V 或 kV。

3) 额定电流。是指电动机在额定电压和额定输出功率时定子绕组的线电流,单位为 A。

4) 额定频率。额定频率是指电动机在额定运行时电源的频率,单位为 Hz。

5) 额定转速。额定转速是指电动机在额定运行时的转速,单位为 r/min。

6）接线方法。表示电动机在额定电压下运行时三相定子绕组的接线方式。

目前，电动机铭牌上给出的接法有两种，一种是额定电压为 380/220 V，接法为 Y/△；另一种是额定电压为 380 V，接法为 △。

7）绝缘等级。电动机的绝缘等级是指绕组所采用的绝缘材料的耐热等级，它表明电动机所允许的最高工作温度，见表 1—5。

表 1—5　　　　　　　　绝缘等级

绝缘等级	Y	A	E	B	F	H	C
最高工作温度/℃	90	105	120	130	155	180	>180

4. 三相异步电动机的运行与维护

（1）电动机启动前检查

对新安装或久未运行的电动机，在通电使用之前应进行下列检查：

1）安装检查。要求电动机装配灵活，螺栓拧紧，轴承运行无阻，联轴器中心无偏移等。

2）绝缘电阻检查。要求用兆欧表检查电动机的绝缘电阻，包括三相相间绝缘电阻和三相绕组对地绝缘电阻，测得的数值一般不小于 10 MΩ。

3）启动保护措施检查。要求启动设备接线正确，漏电保护器性能正常，外壳接地良好。

以上各项检查无误后，方可合闸启动电动机。

（2）电动机启动的注意事项

1）合闸后，若电动机不转，应迅速、果断地拉闸，以免烧毁电动机。

2）电动机启动后，应注意观察电动机，若有异常情况应立即停机。待查明故障并排除后，才能重新合闸启动。

3）笼形电动机采用全压启动时，次数不宜过于频繁，一般不超过 3 次。对功率较大的电动机要随时注意其温升。

4）绕线转子电动机启动前，应注意检查启动电阻是否接入。接通电源后，随着电动机转速的提高而逐渐去除启动电阻。

5）几台电动机由同一台变压器供电时，不能同时启动，应由大到小逐台启动。

（3）电动机运行中的监视

1）对运行中的电动机应经常检查它的外壳有无裂纹、螺钉是否脱落或松动、电动机有无异响或振动等。

2）监视时，要特别注意电动机有无冒烟和异味出现，若闻到焦糊味或看到冒烟，必须立即停机检查处理。对轴承部位，要注意它的温度和响声。温度升高、响声异常则可能是轴承缺油或磨损。

（4）电动机的定期维修

1）擦拭电动机外壳，除掉运行中积累的污垢。

2）测量电动机绝缘电阻，测后注意重新接好线，拧紧接线头螺钉。

3）检查电动机端盖、地脚螺栓是否紧固。

4）检查电动机接地线是否可靠。

5）检查电动机与负载机械间的传动装置是否良好。

6）必要时打开电动机，更换电动机碳刷，拆下轴承盖并加注轴承润滑油。

5. 常见故障及排除方法

（1）电源接通后电动机不启动

1）定子绕组接线错误。检查接线，纠正错误。

2）定子绕组断路、短路或接地，电动机转子绕组断路。找出故障点，排除故障。

3）负载过重或传动机构被卡住。检查传动机构及负载。

4）电动机转子回路断线（碳刷与滑环接触不良，变阻器断路，引线接触不良等）。找出断路点并加以修复。

5）电源电压过低。检查原因并排除。

（2）电动机温升过高或冒烟

1）负载过重或启动过于频繁。减轻负载，减少启动次数。

2）三相异步电动机断相运行。检查原因，排除故障。

3）定子绕组接线错误。检查定子绕组接线并加以纠正。

4）定子绕组接地或匝间、相间短路。查出接地或短路部位并加以修复。

（3）电动机振动

1）转子不平衡。校正平衡。

2）带轮不平稳或轴弯曲。检查并校正。

3）电动机与负载轴线不对称。检查、调整机组的轴线。

4）电动机安装不良。检查安装情况及地脚螺栓。

5）负载突然过重。减轻负载。

（4）运行时有异响

1）定子、转子相互擦碰。检查轴承、转子是否变形，进行修理或更换。

2）轴承损坏或润滑不良。更换轴承，清洗轴承。

3）电动机两相运行。查出故障点并加以修复。

4）风叶碰机壳等。检查并消除故障。

（5）电动机外壳带电

1）接地不良或接地电阻太大。按规定接好地线，消除接地不良处。

2）绕组受潮。进行烘干处理。

3）绝缘有损坏处，有污物或引出线碰壳。修理损坏处并进行浸漆处理，清除污物，重接引出线。

六、低压电器基本知识

1. 低压电器的概念

低压电器是用于交流 50 Hz（或 60 Hz）、额定电压为 1 000 V

以下；直流额定电压1 200 V及以下的电路中的电气元件。塔式起重机通常采用小于1 000 V的交流电压供电，因此，配电电器和控制电器都采用低压电器。

2. 常见低压电器的元件

（1）漏电保护器

漏电保护器是防止设备绝缘损坏和接地漏电故障造成电气设备和人身伤害事故发生的保护性电气元件，也称剩余电流动作保护器，如图1—20所示。漏电保护器的漏电附件与相应断路器配合使用，除了具有漏电保护作用外，还具有断路和过载保护作用。

（2）空气断路器

空气断路器在电路中用于接通、分断和承载额定工作电流及短路、过载等故障电流，当电路内发生过负荷、短路、电压降低或消失等故障时，能自动切断电路，进行可靠的保护，也称空气开关，如图1—21所示。

图1—20　漏电保护器　　　　图1—21　空气断路器

（3）刀开关

刀开关又称闸刀开关，是手动电器中结构最简单的一种，在各种供电线路和配电设备中用做隔离开关，属配电类开关电器。常用的刀开关有开启式负荷刀开关、封闭式负荷刀开关、隔离刀开关等。开启式负荷刀开关一般用于二级配电箱内，其外形如图1—22所示。刀开关的结构如图1—23所示。

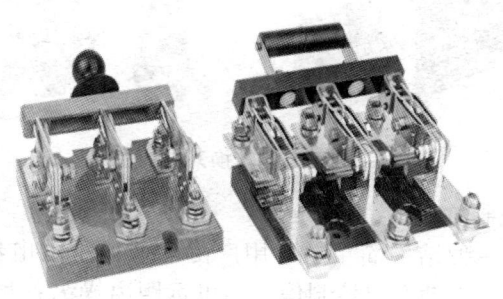

图1—22　开启式负荷刀开关的外形

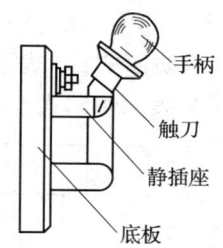

图1—23　刀开关的结构

（4）万能转换开关

万能转换开关是一种多对触点、多个挡位的转换开关，是控制多回路的主令电器，其触点挡数多、换接线路多、用途广泛，故有"万能"之称，也称组合开关，一般可用于多种配电装置的远距离控制。万能转换开关可用做交流50 Hz、380 V以下和直流220 V及以下的电源引入开关，也可以用做4 kW及以下小功率电动机直接启动和正反转的控制开关，其外形如图1—24所示。

图1—24　万能转换开关的外形

(5) 控制按钮

按钮是一种结构简单、应用广泛的低压手动电器。在低压控制系统中,手动发出控制信号,可远距离操纵各种电磁开关,如继电器、接触器等,转换各种信号电路和电气联锁电路。

选择控制按钮时应掌握控制按钮标示的结构代号含义及铭牌标示,如图1—25所示。其中,K表示开启式;H表示保护式;S表示防水式;F表示防腐式;J表示紧急式;D表示带指示灯式;X表示旋钮式;Y表示钥匙式。

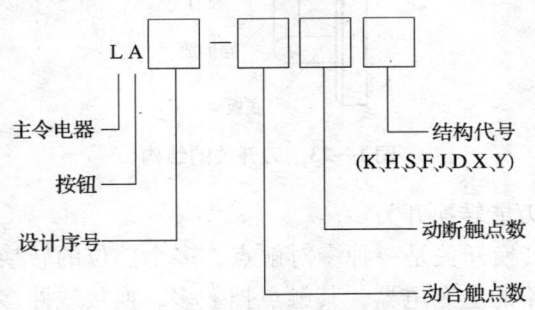

图1—25　控制按钮结构代号及铭牌标示

(6) 行程开关

行程开关是防止塔式起重机各种运动机构超过极限位置的安全装置。当各种运动机构到达极限位置时,行程开关被触动,从而切断电源。

行程开关又称限位开关或终点开关,是一种将机械信号转换为电信号来控制运动部件行程的开关元件。它不用人工操作,而是利用机械某些运动部件上的挡铁碰撞其滚轮使触点动作来实现接通或分断电路的。行程开关是用以控制自身的运动方向或行程大小的主令电器,被广泛用于顺序控制器、运动方向、行程、零位、限位、安全及自动停止、自动往复等控制系统中。行程开关有直动式(按钮式)和旋转式(分为双轮和单轮)两种类型,其外形如图1—26所示。

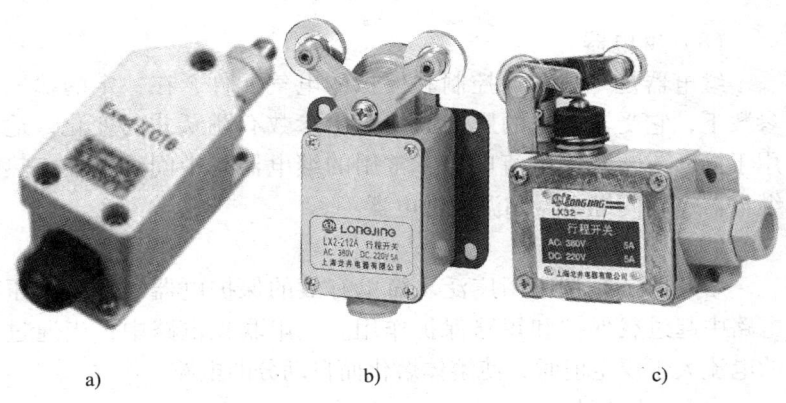

图1—26 行程开关的外形

a)直动式行程开关 b)单轮旋转式行程开关 c)双轮旋转式行程开关

(7)接触器

接触器是一种电磁式的自动切换电器,是接通、断开控制电路的自动切换电气装置,它利用主触点来开闭电路,用辅助触点来执行控制指令。主触点一般只有常开触点,而辅助触点常有两对具有常开和常闭功能的触点。接触器具有遥控功能,同时还具有欠电压、失电压保护的功能,但却不具备短路保护和过载保护功能。接触器的主要控制对象是电动机,其外形如图1—27所示。

图 1—27 接触器的外形

(8) 继电器

继电器是一种自动控制和保护的电气元件,在一定的输入参数下,它受输入端的影响而使输出参数有跳跃式的变化,适用于接通或断开小电流电路。常用的继电器有中间继电器、热继电器、时间继电器和温度继电器等。

(9) 熔断器

熔断器是一种应用广泛、简单有效的保护电器,常在低压电路中起过载保护和短路保护作用。它串联在电路中,当通过的电流大于规定值时,使熔体熔化而自动分断电路。

(10) 主令控制器

主令控制器又称主令开关,主要用于电气传动装置中,按一定顺序分合触点,达到发布命令或与其他控制线路联锁、转换的目的。适用于频繁地接通和切断电路,常配合磁力启动器对绕线式异步电动机的启动、制动、调速及换向实行远距离控制,广泛用于塔式起重机联动操作台的控制系统中。继电器和主令控制器的外形如图 1—28 所示。

3. 安装和维护低压电器的注意事项

(1) 低压电器应装在无强烈震动的地点,距地面应有适当高度。

(2) 低压电器应竖直安装,倾斜度一般不应超过 5°;对于

图 1—28 继电器和主令控制器的外形

油浸电器,绝对不许绝缘油溢出;电器的固定应使用螺栓,不得焊接固定。

(3) 安装新低压电器之前,应清除电气元件各接触面上的保护油层,以防止接触不良。

(4) 低压电器外壳是金属的,都应采取防止间接触电的接地或接零保护措施,电器的裸露部分应有防护罩,以防止直接触电。

(5) 低压电器的防护应与安装地点的环境条件相适应,在有爆炸、火灾危险的场所及有大量粉尘或潮湿的地点,都应安装具有相应防护措施的电器。

(6) 维护低压电器时应注意电器的触点是否接触良好、紧密,各相触点是否动作一致,灭弧装置是否保持完整和清洁。

第三节 机械基础知识

一、机械基础概述

1. 机器

机器是由零件组成的执行机械运动的装置。机器由五个部分组成,分别是动力部分、工作部分、传动部分、控制部分和安全部分。动力部分是机器能量的来源,它将各种能量转变为机器能,常用的原动力机器有电动机、内燃机等。工作部分是直接实现机器特定功能、完成生产任务的部分,其结构形式取决于机器工作本身的用途。传动部分是按工作要求将动力部分的运动和动力传递、转换或分配给工作部分的中间装置。控制部分是控制机器启动、停车和变更运动参数的部分。安全部分是防止机器在运行中因误操作或机器零部件功能突然缺失,中断机器正常运行,防止事故发生,实现本质安全的冗余设计和技术措施。

2. 机构

机构是由两个或两个以上构件通过活动连接形成的构件系统。

3. 机械

机械是利用力学原理构成的装置,机械是机器和机构的总称。

4. 机电一体化

机电一体化是将机械技术和电子技术结合于一体的技术。

二、机械传动

1. 齿轮传动

齿轮传动是利用两齿轮的轮齿相互啮合传递动力和运动的机械传动装置。常见的齿轮传递方式有直齿圆柱齿轮、斜齿圆柱齿轮、直齿锥齿轮、蜗杆与蜗轮等,如图1—29所示。塔机上的减速机构依靠齿轮传动。

齿轮传动的特点是:齿轮传动平稳,传动比精确,工作可靠,效率高,使用寿命长,使用的功率、速度和尺寸范围大。

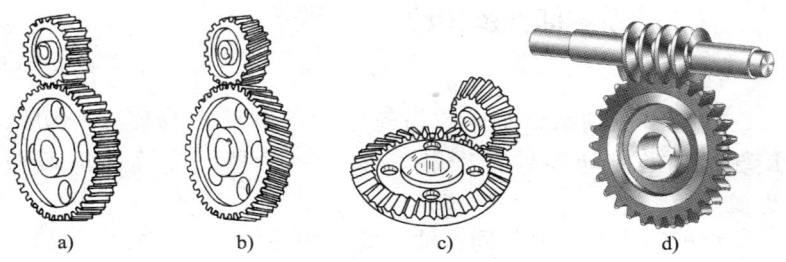

图1—29 四种齿轮传动方式
a）直齿圆柱齿轮　b）斜齿圆柱齿轮　c）直齿锥齿轮　d）蜗杆与蜗轮

2. 带传动

带传动是由主动轮、从动轮和传动带组成，靠带与带轮之间的摩擦力来传递运动和动力的一种机械传动。塔式起重机上的空调装置采用的是带传动。

3. 链传动

链传动是通过链条将具有特殊齿形的主动链轮的运动和动力传递到具有特殊齿形的从动链轮的一种传动方式。链传动机构由主动链轮、链条和从动链轮组成，工作时，通过链条的链节与链轮轮齿的啮合来传递运动和动力，如图1—30所示。

轨道式塔式起重机的行走部分采用了链传动方式。

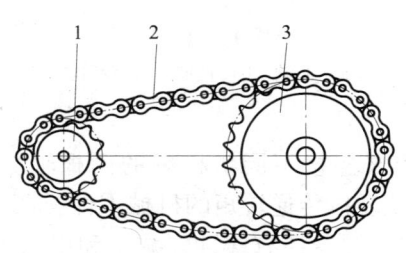

图1—30 链传动机构
1—主动链轮　2—链条　3—从动链轮

三、轴系零部件及传动

1. 轴

轴是穿在轴承、车轮或齿轮中间的圆柱形物体，一切做旋转运动的传动零件都安装在轴上，以实现旋转和传递动力。

根据轴线形状的不同，轴主要分为曲轴、直轴和台阶轴三类，如图 1—31 所示。根据轴的承载情况，可分为转轴、心轴和传动轴。转轴工作时既承受弯矩又承受转矩，如塔式起重机中各种减速器中的轴。心轴用来支撑转动零件，只承受弯矩而不传递转矩，如轨道式塔式起重机行走部分的轴。传动轴用来传递转矩而不承受弯矩，如塔式起重机回转运行机构、小车变幅机构部分的轴。

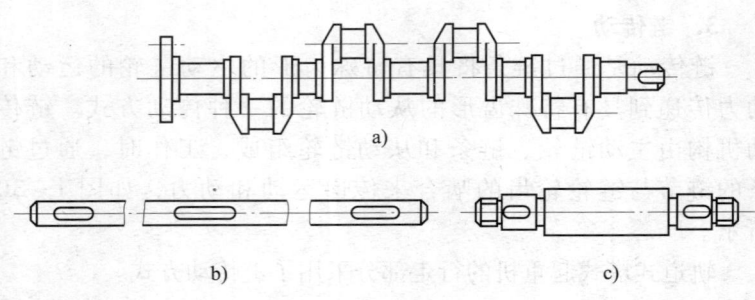

图 1—31　轴
a）曲轴　b）直轴　c）台阶轴

2. 联轴器

联轴器是用来连接不同机构中的两根轴（主动轴和从动轴），使其共同旋转以传递转矩的机械零件。在高速、重载的动力传动中，有些联轴器还有缓冲、减振和提高轴系动态性能的作用。联轴器分为刚性联轴器、挠性联轴器和安全联轴器三大类，如图 1—32 所示。

图1—32 联轴器

a）刚性联轴器 b）挠性联轴器 c）安全联轴器

3. 轴承

轴承是机械中用于支撑轴颈的部件，当其他机件在轴上彼此产生相对运动时，用来保持轴的中心位置及控制该运动的机件就称为轴承。它能保证轴的旋转精度，减小转动时轴与支撑间的摩擦和磨损。

轴承按尺寸大小可分为以下七类：

微型轴承：公称外径尺寸范围为26 mm以下的轴承。

小型轴承：公称外径尺寸范围为28～55 mm的轴承。

中小型轴承：公称外径尺寸范围为60～115 mm的轴承。

中大型轴承：公称外径尺寸范围为120～190 mm的轴承。

大型轴承：公称外径尺寸范围为200～430 mm的轴承。

特大型轴承：公称外径尺寸范围为440～2 000 mm轴承。

重大型轴承：公称外径尺寸范围为2 000 mm以上的轴承。

塔式起重机主要使用的轴承有球面滚子轴承、平面轴承、推力滚子轴承、推力圆锥滚子轴承和组合轴承等，如图1—33所示。

图1—33 轴承

a）球面滚子轴承 b）平面轴承 c）推力滚子轴承

4. 轴瓦

轴瓦是滑动轴承和轴接触的部分，是滑动轴承的关键元件，也叫轴衬，其形状为瓦状的半圆柱面，如图1—34所示。

图1—34 轴瓦

滑动轴承工作时，轴瓦与转轴之间要求有一层很薄的油膜起润滑作用。轴瓦可能由于负荷过大、温度过高、润滑油存在杂质或黏度异常等因素造成烧瓦，烧瓦后滑动轴承就损坏了。

四、机械工作装置

1. 离合器

离合器位于发动机和变速器之间的飞轮壳内，用螺钉将离合器总成固定在飞轮的后平面上，离合器的输出轴就是变速器的输入轴。在起重机械行驶过程中，驾驶员可根据需要踩下或松开离合器踏板，使发动机与变速器暂时分离和逐渐接合，以切断或传递发动机向变速器输入的动力。

2. 制动器

制动器是使机械中的运动件停止或减速的机械装置，俗称刹车闸。制动器主要由制动架、制动件和操纵装置等组成。有些制动器还装有制动件间隙的自动调整装置。制动器可以分为摩擦式和非摩擦式两大类。

按制动件所处工作状态不同，制动器还可分为常闭式制动器（常处于紧闸状态，需施加外力方可解除制动）和常开式制动器（常处于松闸状态，需施加外力方可制动）。

按操纵方式不同，制动器也可分为人力、液压、气压和电磁力操纵的制动器。

塔式起重机一般在起升、回转、变幅机构中安装有以下几种制动器：

（1）外抱块式制动器

外抱块式制动器的结构如图1—35所示。在图1—35所示的状态中，电磁线圈断电，主弹簧将左右两制动臂收拢，两个瓦块同时闸紧制动轮，此时为制动状态。当电磁线圈通电时，电磁铁逆时针转动，迫使推杆向右移动，于是主弹簧被压缩，左右两制动臂的上端距离增大，两瓦块离开制动轮，制动器处于开启状态。

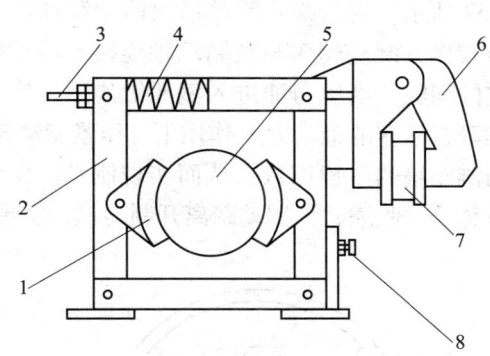

图1—35 外抱块式制动器的结构
1—制动瓦块 2—制动臂 3—推杆 4—主弹簧 5—制动轮
6—衔铁 7—电磁线圈 8—间隙调整螺栓

（2）带式制动器

带式制动器是由包在制动轮上的制动带与制动轮之间产生的摩擦力矩来制动的。如图1—36所示，在重锤3的作用下，制动带1紧包在制动轮2上，从而实现制动；松闸时，则由电磁铁4或人力提升重锤3来实现。

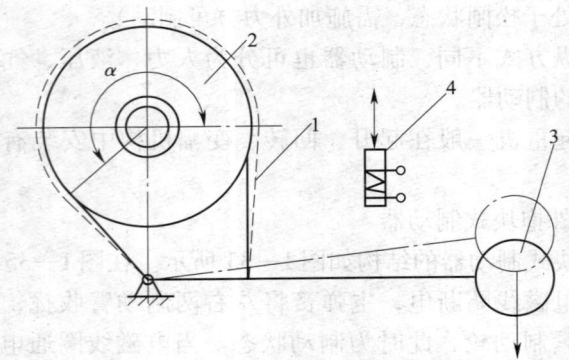

图 1—36 带式制动器
1—制动带 2—制动轮 3—重锤 4—电磁铁

(3) 内张蹄式制动器

如图 1—37 所示,内张蹄式制动器由两个制动蹄 1 分别与机架的制动底板铰接,制动轮 3 与被制动轴连接。制动蹄 1 与制动箍 6 保持一定的间隙,当压力油进入液压缸 4 后,推动左、右两活塞,两制动蹄在活塞的推动力 F 作用下,压紧制动轮内圆柱面,加大制动蹄与制动箍的摩擦因数,从而实现制动。松闸时,将油路卸压,回位弹簧 5 收缩,使制动蹄离开制动箍,实现松闸。

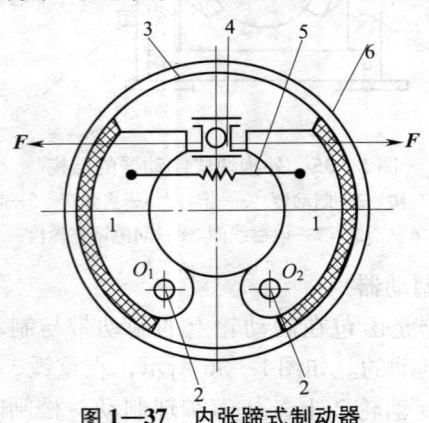

图 1—37 内张蹄式制动器
1—制动蹄 2—偏心轴 3—制动轮 4—液压缸 5—回位弹簧 6—制动箍

（4）电磁双瓦块制动器

塔式起重机提升机构的制动器设置在高速轴上，由于提升机构选用常闭型，为了使其结构简单、安装方便、附加载荷小，一般选电磁双瓦块制动器，如图1—38所示。

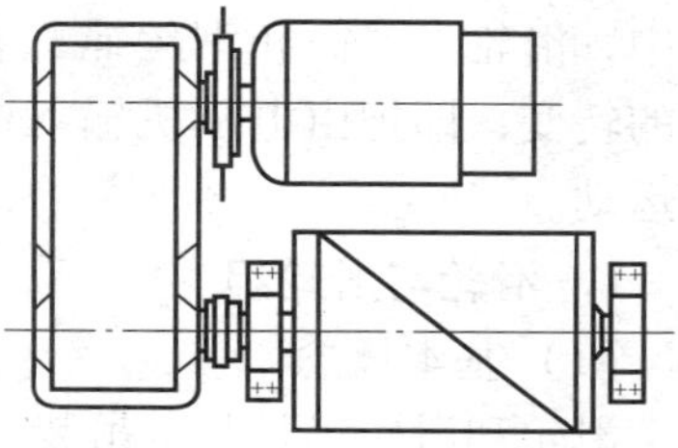

图1—38　电磁双瓦块制动器

3. 卷扬机

卷扬机是指以电动机为动力，经弹性联轴器、三级封闭式齿轮减速箱、牙嵌式联轴器驱动卷筒来完成牵引工作的机械装置。在塔式起重机的起重起升、小车变幅机构中采用卷扬机实现垂直提升、水平拽引重物，如图1—39所示。

图1—39　卷扬机

4. 减速机

减速机是一种动力传递机构，利用齿轮的速度转换器，将电动机的转速减到所要求的转速，并得到较大转矩的机构。塔式起重机的回转机构中就是应用减速机实现速度与转矩的转换的。

五、滑轮和卷筒

滑轮和卷筒是钢丝绳的承载部件。在塔式起重机使用钢丝绳的起升机构、挠性变幅机构和牵引小车式运行机构等工作机构中，滑轮、卷筒和钢丝绳三者共同组成卷绕系统实现运动形式的转变，即把由电动机输入的回转运动转换成执行装置的直线运动。

1. 滑轮与滑轮组

（1）基本概念

滑轮和滑轮组是起重吊装、搬运作业中较常用的起重工具。在起重作业中，滑轮与卷扬机配合使用能起吊和搬运很重的物体。定滑轮和动滑轮的组合又可称为滑轮组。

（2）滑轮的构造

滑轮由轮缘、轮辐、轮毂组成，轮缘通过绳槽来承载钢丝绳，整个滑轮通过轮毂固定在滑轮轴的轴承上，由轮辐将轮缘与轮毂连接起来。

（3）滑轮组

钢丝绳依次穿绕过由若干动滑轮和定滑轮组成的滑轮组后，省力效果更加显著。起重机的起升机构和钢丝绳变幅机构都采用省力滑轮组。

2. 卷筒

卷筒是用来卷绕钢丝绳的部件，在起升机构中，通过卷筒收放钢丝绳，带动滑轮组和取物装置实现吊载升降。由于卷筒只有单方面的绕进或绕出，损耗要比滑轮组小些。

（1）钢丝绳在卷筒上的固定

通常采用压板螺钉或楔块，利用摩擦原理来固定钢丝绳尾部。楔块固定法常用于直径较小的钢丝绳，由于不需要用螺栓，适用于多层缠绕卷筒。压板固定法利用压板和压紧螺钉固定钢丝绳，方法简单，工作可靠，便于观察和检查，适用于单层卷绕的卷筒。

（2）卷筒使用安全要求和报废规定

对钢丝绳尾端的固定情况应每月检查一次。在任何使用条件下，必须保证钢丝绳在卷筒上保留足够的安全圈。单层缠绕卷筒的筒体端部应有凸缘，在卷筒全部收回钢丝绳后，端部凸缘富余的高度应大于钢丝绳的两倍，以防止钢丝绳从卷筒端部滑脱。当卷筒出现裂纹、筒壁磨损量达原壁厚的20%或绳槽磨损量大于钢丝绳直径1/4且不能修复时，卷筒应报废。

第四节　液压传动基础知识

一、液压传动基本理论知识

1. 液压传动基本概念

用液体作为工作介质，将发动机的动力传给工作装置的传动方式称为液体传动，又分为液压传动和液力传动。利用密闭工作容积内液体的压力能来传递动力的称为液压传动；利用运动液体的动能来传递动力的称为液力传动。起重机械主要利用液压传动，以液体压力进行能量的传递。

2. 液压传动工作原理

液压传动工作原理是利用液压泵将电动机的机械能转换为液体的压力能，通过液体压力能的变化来传递能量，经过各种控制阀和管路的传递与控制，借助于液压执行元件（液压缸或液压马达）把液体压力能转换为机械能，从而驱动工作机构，实现往复直线运动或回转运动。

二、塔机液压顶升系统的工作原理

塔机液压顶升系统中的主要元器件是液压泵、液压缸、控制元件、油管和管接头、油箱和液压油滤清器等。液压泵把油吸入并通过管道输送给液压缸，从而使液压缸得以正常运作。液压泵可以看成是心脏，是液压的能量来源。自升式塔机顶升系统的液压缸、液压泵和阀均设于爬升套架的一侧，顶升时，由起重吊钩吊起标准节送进引进小车梁上。然后开动电动机使液压缸工作，顶起上部结构。支撑起塔机套架上的爬爪，收回活塞，再次顶升，如此经过两个工作循环，便可顶升接高一个标准节。如图1—40所示为塔机液压顶升系统油路图，在此系统中，顶升过程及动力传递路线是：接通电源，电动机启动，带动齿轮泵，输出油压，通过高压油管至手动三位四通换向阀。

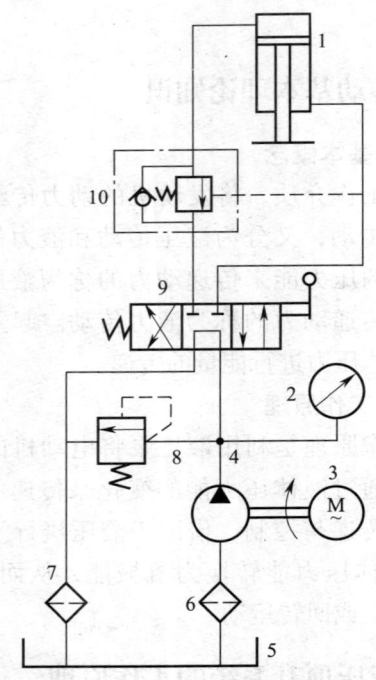

图1—40　塔机液压顶升系统油路图

1—顶升液压缸　2—压力表　3—电动机　4—齿轮泵　5—油箱
6—吸油过滤器　7—回油过滤器　8—溢流阀　9—手动三位四通换向阀　10—平衡阀

在液压泵输出端至换向阀之间装有一只压力表，用以监测油液压力。手动换向阀用以控制进油和回油方向，液压油由手动换向阀输出后，经过平衡阀输入到液压缸中去，进行活塞杆的升降（升缩）动作，从而完成一个顶升循环。液压缸的高压油腔连接有平衡阀，其主要目的是防止系统突然发生事故（如管路爆裂、突然停止供油或泄漏等），活塞杆不致因自重或塔机上部载荷作用而产生超速下降。另外，与手动换向阀并联回油箱的管路中间还装有一只溢流阀，除确保安全工作外，还可调节和稳定系统的压力。在液压泵和手动换向阀的回油箱的管路中装有滤油器，以保持液压油的洁净。

三、液压传动系统的组成

一个完整的液压系统由 5 个部分组成，即动力元件、执行元件、控制元件、辅助元件和工作介质。

1. 动力元件（液压泵）

动力元件的作用是利用液体把原动机的机械能转换成液压能，是液压传动中的动力部分。

2. 执行元件（液压缸、液压马达）

执行元件的作用是将液体的液压能转换成机械能。其中，液压缸做直线运动，液压马达做旋转运动。

3. 控制元件

控制元件包括压力阀、流量阀和方向阀等。它们的作用是根据需要无级调节液动机的速度，并对液压系统中工作液体的压力、流量和流向进行调节和控制。

4. 辅助元件

除上述三部分以外的其他元件，包括压力表、滤油器、蓄能装置、冷却器、管件各种管接头（扩口式、焊接式、卡套式）、高压球阀、快换接头、软管总成、测压接头、管夹及油箱等。

5. 工作介质

工作介质是指各类液压传动中的液压油或乳化液,它经过液压泵和液动机实现能量转换。包括各种矿物油、乳化液和合成型液压油等几大类。

常用的液压油有 22 号、32 号、46 号、68 号液压油。

四、液压系统主要元件

起重机上常用的液压元件有液压泵、液压缸、双向液压锁、溢流阀、减压阀、换向阀、顺序阀、流量控制阀和液压辅件等。

1. 液压泵

液压泵是液压系统的动力元件。其作用是将电动机的机械能转换成液体的压力能。液压泵的结构形式一般有齿轮泵、叶片泵和柱塞泵。其中,齿轮泵被广泛地用于起重机顶升机构中。齿轮泵在结构上可分为外啮合齿轮泵和内啮合齿轮泵两种,常用的是外啮合齿轮泵。

如图 1—41 所示为外啮合齿轮泵的最基本形式,两个尺寸相同的齿轮在一个紧密配合的壳体内相互啮合旋转,这个壳体的内部类似"8"字形,齿轮的外径及两侧与壳体紧密配合,组成许多密封的工作腔。当齿轮按一定的方向旋转时,一侧吸油腔由于相互啮合的齿轮逐渐脱开,密封工作腔容积逐渐增大,形成部分真空,因此,油箱中的油液在外界大气压的作用下,经吸油管进入吸油腔,将齿间槽充满,并随着齿轮的旋转把油液带到右侧的压油腔内。在压油区的一侧,由于齿轮在这里逐渐进入啮合,密封工作腔容积不断减小,油液便被挤出去,从压油腔输送到压油管路中去。这里的啮合点处的齿面接触线始终起着隔离高、低压油腔的作用。

外啮合齿轮泵的优点是:结构简单,尺寸小,质量轻,制造方便,价格低廉,工作可靠,自吸能力强(允许的吸油真空度大),对油液污染不敏感,容易维护。缺点是:一些机件承受不平衡径向力,磨损严重,内泄漏量大,工作压力的提高受到限制。此外,它的流量脉动大,因而压力脉动和噪声都较大。

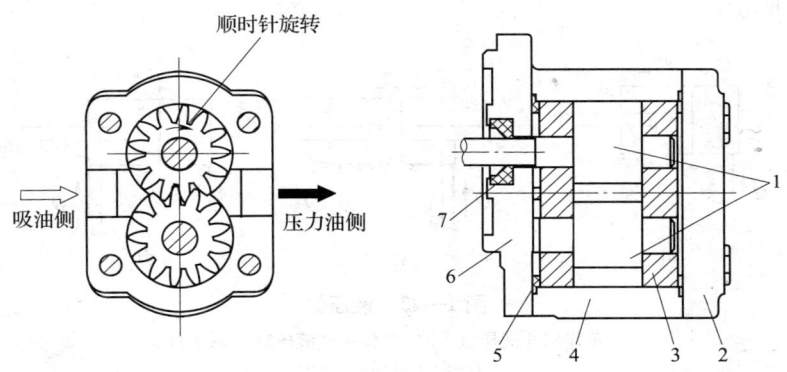

图 1—41 齿轮泵
1—工作齿轮 2—后端盖 3—轴承体 4—铝质泵体
5—密封圈 6—前端盖 7—轴封衬

我国塔式起重机液压顶升系统采用的液压泵大都是 CB—G 型齿轮泵,CB 为齿轮泵的代号,B 表示固定的轴向间隙,工作压力为 12.5～16 MPa。

2. 液压缸

液压缸是执行元件。液压缸一般用于实现往复直线运动或摆动,将液压能转换为机械能,它将压力能转变为活塞杆直线运动的机械能,推动机构运动。

(1) 液压缸的形式

液压缸按结构形式不同可分为活塞缸、柱塞缸和摆动缸3类。活塞缸和柱塞缸实现往复直线运动,输出推力或拉力;摆动缸则实现小于360°的往复摆动,可输出转矩。液压缸按油压作用形式不同可分为单作用式液压缸和双作用式液压缸。单作用式液压缸只有一个外接油口输入压力油,液压作用力仅做单向驱动，而反行程只能在其他外力的作用下完成，如图1—42a所示；而双作用式液压缸分别由液压缸两端外接油口输入压力油，靠液压油的进出推动液压杆的运动，如图1—42b所示。

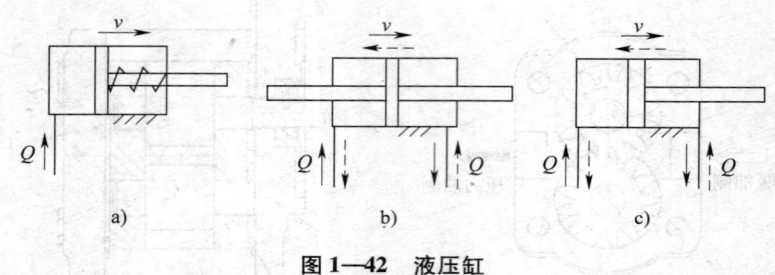

图1—42 液压缸
a) 单作用式液压缸 b) 双作用式液压缸（双出杆）
c) 双作用式单活塞杆液压缸

起重机的液压顶升系统多使用双作用式单活塞杆液压缸，如图1—42c所示。

双作用式单活塞杆液压缸的构造如图1—43所示。缸筒一端与活塞杆底焊接，另一端则与缸盖采用螺纹连接，以便于拆装和检修。活塞与活塞杆构成卡键连接，结构紧凑，便于装卸。为了避免缸筒内壁与活塞直接发生摩擦而造成拉缸事故，活塞上套有支撑环，支撑环由耐磨材料制成，但不起密封作用。缸内两腔之间的密封靠活塞内孔的O形密封圈以及外缘Y形密封圈实现。当工作腔油压升高时，Y形密封圈的唇边就会张开，贴紧活塞和缸壁表面，压力越高贴得越紧，从而防止内漏。为了确保活塞杆的移动不偏离中轴线，以免损伤缸壁和密封件，并改善活塞杆与缸盖孔的摩擦，特在缸盖一端设置导向套13，它由铸铁等耐磨材料制成。在缸底和活塞缸顶端的耳环21上有供安装用或与工作机构连接用的销轴孔，销轴孔必须保证液压缸为中心受压。为了减轻活塞在行程终了时对缸底或缸盖的撞击，两端设有缝隙节流缓冲装置，当活塞快速运行临近缸底时，活塞杆端部的缓冲柱塞将回油口堵住，迫使剩油只能从柱塞周围的缝隙挤出，于是速度迅速减慢而实现缓冲，回程时也是以同样原理获得缓冲。

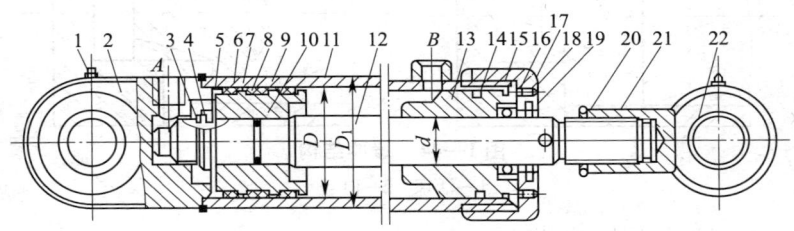

图 1—43　双作用式单活塞杆液压缸的构造
1—压注油嘴　2—缸底　3、7、17—挡圈　4—卡键帽
5—卡键　6、16—Y 形密封圈　8—活塞　9—支撑环
10、14—O 形密封圈　11—缸筒　12—活塞杆　13—导向套
15—端盖　18—螺钉　19—防尘圈　20—锁紧螺母　21—耳环
22—滑动轴承套　A—进油口　B—出油口

（2）液压缸的密封

液压缸的密封主要指活塞与缸体、活塞杆与端盖之间的动密封以及缸体与端盖之间的静密封。密封性能的好坏将直接影响其工作性能和工作效率。因此，要求液压缸在一定的工作压力下具有良好的密封性能，且密封性能应随工作压力的升高而自动增强。此外，还要求密封元件结构简单、使用寿命长、摩擦力小等。常用的密封方法分为间隙密封和密封圈的密封。

（3）液压缸的缓冲

液压缸的缓冲结构是为了防止活塞到达行程终点时，由于惯性力作用与缸盖相撞。液压缸的缓冲是利用油液的节流作用实现的。如图 1—44 所示为常用的缓冲结构，活塞上的凸台和缸盖上的凹槽在接近时，油液经凸台和凹槽间的缝隙流出，增大回油阻力，产生制动作用，从而实现缓冲。

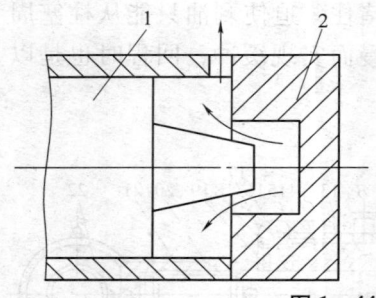 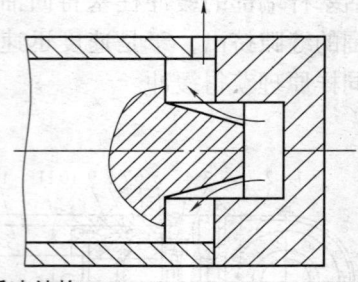

图 1—44 缓冲结构
1—活塞 2—缸盖

（4）液压缸的排气

液压缸中如果有残留空气，将引起活塞运动时的爬行和振动，产生噪声，发热，甚至使整个系统不能正常工作，因此，应在液压缸上增加排气装置。常用的排气装置为排气塞，如图1—45 所示。排气装置应安装在液压缸的最高处。工作之前先打开排气塞，让活塞空载做往返移动，直至将空气排干净为止，然后拧紧排气塞进行工作。

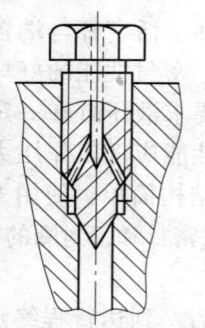 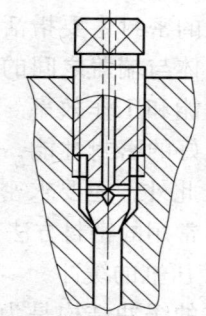

图 1—45 液压缸的排气塞

3．平衡阀

平衡阀又称限速阀，其作用是限制负载下降速度，防止机构在负载作用下产生超速下降，保持平稳下降和微动下降。在结构上，平衡阀由单向阀和溢流阀组成，故兼有这两种阀的功能。在自升式塔机液压顶升系统的油路中，在三位四通换向阀出油口接至液压缸大、小腔的通道上都设有一个或两个平衡阀，其作用是保证液压缸活塞杆伸缩（液压缸升降）的平稳性，防止超速下降导致的安全事故。塔机液压顶升系统所用的是组合式平衡阀。

4．溢流阀

溢流阀属于控制元件。它是液压系统的安全保护装置，可限制系统的最高压力或使系统的压力保持恒定。起重机使用的溢流阀是先导式溢流阀，其构造如图1—46所示。它主要由主阀和导阀两部分组成。主阀随导阀的启闭而启闭。主阀部分有主阀芯、主阀弹簧、阀座等，导阀部分有导阀、导阀弹簧、阀座、调整螺钉等。当系统压力高于调定压力时，导阀开启，少量回油。由于阻尼作用，主阀下方压力大于上方压力，主阀上移开启，大量回油，使压力降至调定值，转动调节螺钉即可调整系统工作压力的大小。

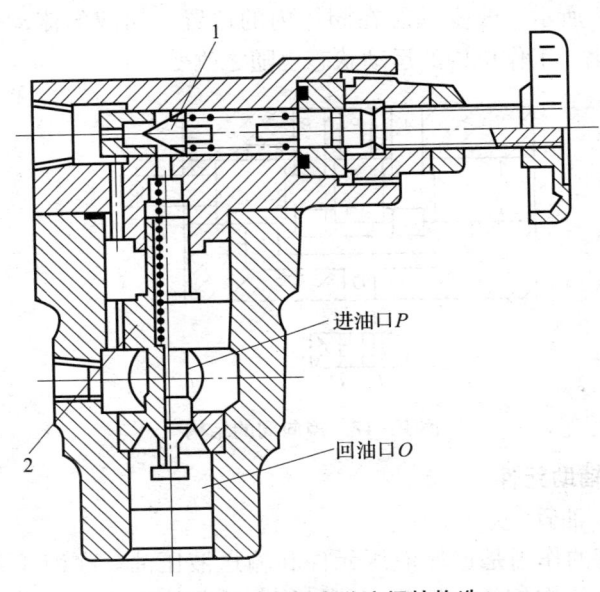

图1—46　先导式溢流阀的构造
1—导阀　2—主阀

5. 减压阀

减压阀是一种利用液流流过缝隙产生压降的原理，使出口油压低于进口油压的压力控制阀，以满足执行机构的需要。减压阀有直动式和先导式两种，一般采用先导式。在液压系统中，减压阀应用于要求获得稳定低压的回路中，如夹紧油路或提供稳定的控制压力油。此外，减压阀还可用于限制工作机构的作用力，减少压力波动带来的影响，改善系统的控制性能。

6. 换向阀

换向阀也称分配阀，属控制元件。它的作用是改变液压油的流动方向，控制起重机各工作机构的运动。多个换向阀组合在一起称为多联阀。起重机下车常用二联阀操纵下车支腿，上车常用四联阀操纵上车的起升机构、变幅机构、伸缩机构、回转机构。换向阀主要由阀芯和阀体两基本零件组成，其结构如图1—47所示。改变阀芯在阀体内的位置，油液的流动通路就发生变化，工作机构的运动状态也随之改变。

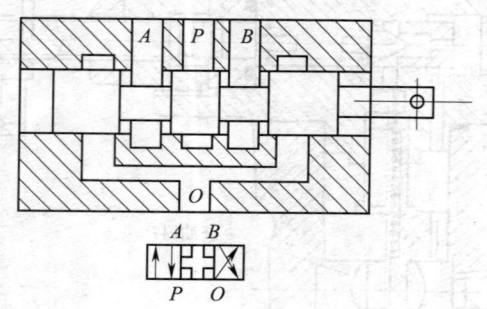

图1—47 换向阀的结构

7. 辅助元件

（1）油管

油管的作用是连接液压元件和输送液压油。在液压系统中常用的油管有钢管、铜管、塑料管、尼龙管和橡胶软管，可根据具体用途进行选择。

(2) 管接头

管接头用于油管与油管、油管与液压元件之间的连接。管接头按通路数可分为直通、直角、三通等形式；按接头连接方式可分为焊接式、卡套式、管端扩口式和扣压式等形式；按连接油管的材质可分为钢管管接头、金属软管管接头和胶管管接头等。我国已颁布了管接头国家标准，使用时可根据具体情况进行选择。

(3) 油箱

油箱的主要功能是储油、散热及分离油液中的空气和杂质。油箱的结构如图 1—48 所示，形状根据主机总体布置而定。

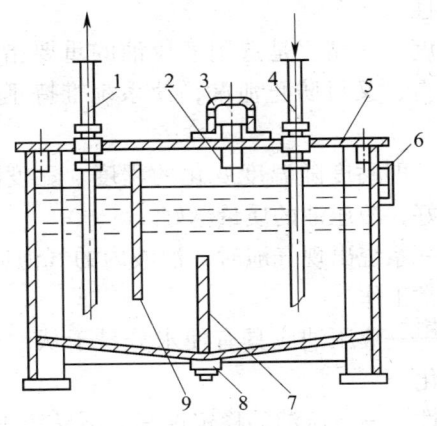

图 1—48　油箱的结构

1—吸油管　2—加油孔　3—通气罩　4—回油管
5—油箱　6—油标　7—隔板　8—放油塞　9—隔板

(4) 滤油器

滤油器的作用是分离油中的杂质，使系统中的液压油经常保持洁净，以提高系统工作的可靠性和液压元件的使用寿命。液压系统中所有故障的 80% 左右是因污染的油液引起的，因此，液压系统所用的油液必须经过过滤，并在使用过程中要保持油液洁净。

滤油器可以安装在液压泵的吸油口、出油口以及重要元件的前面。通常情况下，泵的吸油口装粗滤油器，泵的出油口和重要元件前装精滤油器。

五、液压油的特性及选用

液压油是液压系统中传递能量的工作介质，在液压元件的摩擦部位又起着润滑、冷却与密封的作用。

液压油应具有以下性能：

低凝点——凝固点的温度低，确保在低温条件下液压油具有良好的流动性。

合适的黏度——黏度是选用液压油的重要指标。合适的黏度既能保证润滑，又可防止泄漏，使系统维持正常的压力和速度。

黏温性——即黏度随温度变化的程度。黏度随温度变化越小，黏温性越好，液压油的质量越好。

消泡性——系统出现气泡时，油液内的气泡应能迅速消失，以保证系统正常工作。

抗乳化性——液压油应具有使水分易于从油中分离出来的性能，防止乳化。

化学稳定性——液压油的稳定性好，不易变质分解。

相容性——液压油与液压装置中的有机材料（如密封件等）接触浸泡，应不使其受到溶解、腐蚀和损伤。

六、液压系统的安全技术要求

1. 液压系统应有压力表、油量表，其指示应准确无误。
2. 溢流阀、安全阀、单向阀、换向阀、液压控制元件应齐全完好。
3. 液压系统应设有防止过载和液压冲击的安全装置；安全

溢流阀的调整压力不得大于系统额定工作压力的110%。

4. 在液压系统中，应有良好的过滤器或其他防止液压油污染的措施。

5. 液压泵不应有过热和泄漏；液压缸内壁、活塞杆表面应光洁，不得有损伤；应运行平稳，密封良好。

6. 散热器应清洁，液压系统工作时油温不应大于40℃；滤清器应清洁、完好；油管及接头不得有渗漏。

7. 各平衡阀的开启压力应符合说明书要求。

8. 手动换向阀的操作与指示方向一致，操纵轻便，无冲击跳动。起升离合器操纵手柄应设有锁紧机构，工作可靠。

9. 液压系统应按设计要求用油，油量应满足工作需要。

10. 液压泵和液压马达无异响，系统工作正常，不得漏油。

11. 支腿液压缸处于支撑状态时，基本臂在最小幅度悬吊最大额定起重量15 min后，变幅液压缸和支腿液压缸活塞杆的回缩量均应不大于6 mm。

12. 平衡阀必须直接或用钢管连接在变幅液压缸、伸缩液压缸和起升马达上，不得用软管连接。

第二章
塔式起重机概述

随着建筑业的快速发展，塔式起重机在施工领域中的作用越来越显著，塔式起重机的安全可靠性也越来越严格，因此，塔式起重机的操作、安装、管理人员应当掌握塔式起重机的特征与性能，以便更好地发挥它应有的作用。

第一节　塔式起重机的概况

塔式起重机是工业与民用建筑结构及设备安装工程的主要垂直运输机械之一，广泛用于多层、高层等装配式框架结构的吊装施工中。

一、塔式起重机

1. 塔式起重机定义

塔式起重机是指臂架安装在垂直塔身顶部的回转式臂架型起重机。其机身为塔形钢架结构，能沿轨道行走或独立固定并与建筑物附着，配有全回转臂架的起重机。因其外形像铁塔，故得名，简称塔机。

塔式起重机是集物料垂直输送、水平输送以及全回转"三维"功能为一体的施工机械，具有工作效率高、使用范围广泛、回转半径大、起升高度高、操作方便以及安装与拆卸简便等特点，因而广泛应用于工业与民用建筑、市政工程、路桥工程、电力工程以及水利建设等领域。

根据国务院第 549 号令《特种设备安全监察条例》的规定，塔式起重机属于涉及生命安全、危险性较大的特种设备管理范畴。

2. 塔式起重机的起源与发展

塔式起重机起源于西欧。据记载，第一项有关建筑用塔式起重机的专利颁布于 1900 年。1905 年出现了塔身固定的装有臂架的起重机，1923 年制成了近代塔机的原型样机，同年出现第一台比较完整的近代塔机。1930 年德国已开始批量生产塔机，并用于建筑施工。1941 年有关塔机的德国工业标准 DIN8770 公布。该标准规定以吊载（t）和幅度（m）的乘积（t·m）即重力矩来表示塔机的起重能力。

20 世纪 50 年代初，我国塔机由仿制开始起步。经过改革开放和现代高速发展历程，我国塔机行业也得到快速发展，塔机年销量达 2 万多台。我国已成为世界塔机的生产大国，也是世界塔机主要需求市场之一。

2010 年中联重科建筑起重机械公司为安徽马鞍山长江公路大桥建设工程项目成功研制并投入使用一台超大型 D5200—240 塔机，其最大起重力矩为 5 200 t·m，最大起重量为 240 t，该设备是迄今为止全球最大的水平臂上回转自升塔式起重机。

3. 塔式起重机主要规范与标准

2006 年国家质量监督检验检疫总局和国家标准化委员会颁布了《塔式起重机安全规程》（GB 5144—2006），此标准规定了塔式起重机在设计、制造、安装、使用、维修、检验等方面应遵守的安全技术要求。

2006 年国家质量监督检验检疫总局和国家标准化委员会颁布了《塔式起重机稳定性要求》（GB/T 20304—2006），此标准规定了通过计算来检验塔式起重机抗倾覆稳定性应遵守的条件。

2008年国家质量监督检验检疫总局和国家标准化委员会颁布了《塔式起重机》(GB/T 5031—2008),此标准规定了塔式起重机的术语、分类与标志、技术要求、试验方法、检验规则、信息标志、包装、运输和储存、安装及爬升、使用检查。

2009年住房和城乡建设部颁布了建筑工程行业标准《塔式起重机混凝土基础工程技术规程》(JGJ/T 187—2009),此标准规定了塔式起重机混凝土基础工程设计与施工的基本要求。

2009年住房和城乡建设部颁布了建筑工程行业标准《建筑起重机械安全评估技术规程》(JGJ/T 189—2009),此标准规定了塔式起重机和施工升降机的安全评估内容与方法。

2010年住房和城乡建设部颁布了《建筑施工塔式起重机安装、使用、拆卸安全技术规程》(JGJ 196—2010),此标准规定了塔式起重机的安装、使用和拆卸的基本技术要求。

二、塔式起重机的组成

塔式起重机一般由金属结构、工作机构、电气系统、安全装置和附属装置五大部分组成。

1. 金属结构

塔式起重机金属结构部分由底架、塔身、塔帽、回转支座、塔顶、平衡臂、起重臂、驾驶室、梯子与平台、顶升套架和横梁部分组成。

塔式起重机结构部分都暴露在外,通常在-20~+40℃环境下工作,且承受雨、雪等恶劣气候的侵蚀。因此,在设计和选择材料、焊接时要兼顾抗低温脆断性、耐蚀性、结冰膨胀破坏性,保证其具有可靠的冲击韧度。

2. 工作机构

塔式起重机工作机构由起升机构、变幅(小车牵引)机构、回转机构和运行机构组成。另外，自升式塔机有液压顶升机构，行走式塔机有大车走行机构。

3. 电气系统

塔式起重机电气系统由电源、动力设备、电缆及卷筒、电气开关箱、电气控制装置、保护装置、低压电器、辅助电气设备等部分组成。

4. 安全装置

安全装置是塔式起重机必不可少的关键设备之一，由起升高度限位器、行程限位器、幅度限位器、超载限制器、止挡和缓冲器、钢丝绳防脱装置、风速仪、紧急安全开关、安全保护音响信号、紧急报警及显示记录装置等部分组成。

5. 附属装置

附属装置由配重与压重、基础与轨道、拖运装置、附着装置、内爬框架、排绳与拖绳装置和检修装置等部分组成。

上述五个部分中，前四个部分是塔式起重机都必须具备的，附属装置中的配重、压重、轨道、基础、附着连杆等因塔式起重机的类型和用途不同而配置。

三、塔式起重机的型号

按国家标准分类，塔式起重机的型号标准是 QT，其中的"Q"代表"起重机"，"T"代表"塔式"。

根据国家建筑机械与设备产品型号编制方法的规定，塔式起重机的型号有明确的规定。如 QTZ80C 表示以下含义：

Q——起重，汉语拼音的第一个字母；

T——塔式，汉语拼音的第一个字母；

Z——自升，汉语拼音的第一个字母；

80——主要参数代号，最大起重力矩（t·m）；

C——更新、变型代号。

其中，更新、变型代号用英文字母表示；主要参数代号用阿拉伯数字表示，它等于塔式起重机额定起重力矩（单位为 t·m）；塔机特性代号的含义如下：

QTS——上回转塔式起重机；

QTZ——上回转自升塔式起重机；

QTX——下回转塔式起重机；

QTK——快装塔式起重机；

QTQ——汽车塔式起重机；

QTL——轮胎塔式起重机；

QTU——履带塔式起重机；

QTH——组合塔式起重机；

QTN——内爬升式塔式起重机；

QTG——固定式塔式起重机；

QTP——平头式塔式起重机。

目前，许多塔式起重机厂家采用国外的标记方式进行编号，即用塔式起重机臂长（m）与臂端（最大幅度）处所能吊起的额定起重量（kN）两个主参数来标记塔式起重机的型号。如 TC5013A 的含义如下：

T——塔的英语单词第一个字母（Tower）；

C——起重机的英语单词第一个字母（Crane）；

50——最大臂长为 50 m；

13——臂端起重量为 13 kN；

A——设计序号。

另外，也有个别塔式起重机生产厂家根据企业标准编制型号。

制造商应在产品技术资料、样本和产品显著部位标示产品型号，型号中至少应包含塔机的最大起重力矩，单位为吨米（t·m）。

塔式起重机型中的最大起重力矩（t·m）是塔式起重机起重量与幅度的乘积，称为载荷力矩，是塔式起重机的主要技术参数。

第二节　塔式起重机的分类及特点

一、按国家标准分类

根据国家标准《塔式起重机》(GB/T 5031—2008）界定的四种分类范围，塔式起重机分为以下几种。

1. 按架设方式分

塔机按架设方式分为快装式塔机和非快装式塔机。

（1）快装式塔机

快装式塔机一般为自行架设塔机，即依靠自身的动力装置和机构能实现运输状态与工作状态相互转换的塔机。

（2）非快装式塔机

非快装式塔机一般为非自行架设塔机，即依靠其他起重设备进行组装架设成整机的塔机。

（3）快装式塔机与非快装式塔机的区别

快装式塔机比非快装式塔机安装、拆卸方便，采用液压顶升装置可增加或减少塔身标准节，塔机起升高度适应建筑物高度的变化。

2. 按变幅方式分

塔机按变幅方式分为小车变幅塔机和动臂变幅塔机，如图2—1所示。

（1）小车变幅塔机

小车变幅塔机是指通过起重小车沿起重臂运行进行变幅的塔机，这类塔机的起重臂架始终处于水平位置，变幅小车悬挂于臂架下弦杆上，两端分别和变幅卷扬机的钢丝绳连接。按臂架小车轨道与水平面的夹角大小可分为水平臂小车变幅塔机和

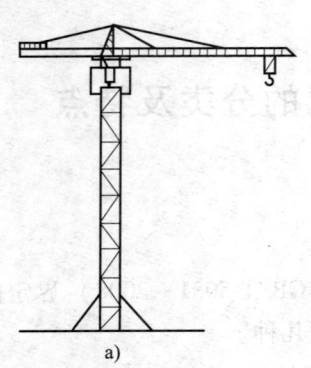 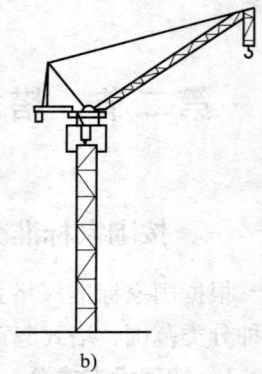

图 2—1 小车变幅塔机和动臂变幅塔机
a) 小车变幅式 b) 动臂变幅式

倾斜臂小车变幅塔机。在变幅小车上装有起升滑轮组,当收放变幅钢丝绳拖动变幅小车移动时,起升滑轮组也随之而动,以此方法来改变吊钩的幅度。

它的优点是:幅度利用率高,而且变幅时所吊重物在不同幅度时高度不变,工作平稳,便于安装就位,效率高。缺点是:臂架受力以弯矩为主,故臂架质量比动臂变幅臂架的质量稍大一些。另外,在同样塔身高度的情况下,小车变幅塔机比动臂变幅塔机或综合变幅塔机的起重高度利用范围小,故这种变幅方式多用于大幅度、大高度的自升式塔式起重机。

(2) 动臂变幅塔机

动臂变幅塔机是指通过臂架俯仰运动进行变幅的塔机,幅度的改变是利用变幅卷扬机和变幅滑轮组系统来实现的。这种变幅方式的优点是:臂架受力状态良好,质量较小。当塔身架设一定高度时,与其他类型的塔式起重机相比,具有一定的起升高度优势。但在没有补偿卷筒的条件下达不到起重与变幅的平移目的。另外,因臂架的仰角受到限制,故对靠近塔身中心变幅半径的利用有一定的损失,变幅功率也较大。因此,这种变幅方式只适用于起升高度低且变幅幅度较小的中、小型塔式起重机。

3. 按臂架结构形式分

小车变幅塔机按臂架结构形式不同分为定长臂小车变幅塔机、伸缩臂小车变幅塔机和折臂小车变幅塔机；按臂架支撑形式不同又可分为平头式塔机和非平头式塔机。

动臂变幅塔机按臂架结构形式不同分为定长臂动臂变幅塔机与铰接臂动臂变幅塔机。

常见的塔机有以下几种：

（1）平头式塔式起重机

平头式塔式起重机是指无塔帽和起重臂拉杆等部件，其塔架与塔身为T形结构的上回转塔机，如图2—2所示。由于臂架采用无拉杆式，这种设计形式很大程度上方便了空中变臂、拆臂等操作，避免了空中安装、拆卸拉杆的复杂性及危险性。

图2—2 平头式塔式起重机

（2）非平头式塔式起重机

非平头式塔式起重机的最大特点是有塔帽、臂架悬索及拉杆，非平头式塔式起重机广泛应用于动臂式和平臂式塔式起重机上。

（3）折臂小车变幅塔机

折臂小车变幅塔机是指根据起重作业的需要臂架可以弯折的塔机，如图2—3所示。该塔机可以同时具备动臂变幅塔机和小车变幅塔机的性能。

图 2—3 折臂小车变幅塔机

4. 按回转方式分

塔机按回转方式不同分为上回转塔机和下回转塔机,如图 2—4 所示。

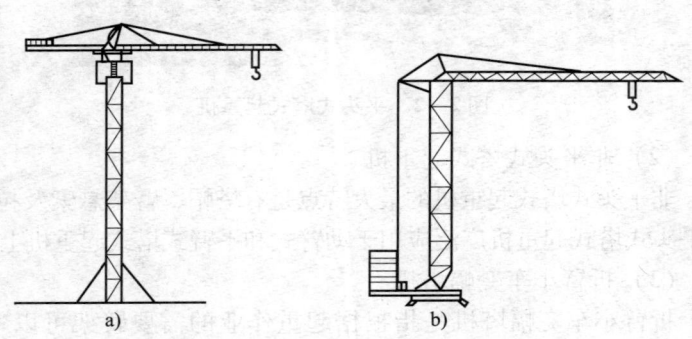

图 2—4 上回转塔机和下回转塔机
a) 上回转式 b) 下回转式

（1）上回转塔式起重机

上回转塔机是指回转支撑装设在塔机的上部的塔式起重机。其特点是塔身不转动，在回转部分与塔身之间装有回转支撑装置，这种装置既将上、下两部分连为一体，又允许上、下两部分相对回转。按照回转支撑的构造形式不同，上回转部分的结构可分为塔帽式、转柱式、平台式和塔顶式几种。其优点是：起重能力大，能够附着，起升高度比较高。由于塔身不回转，可简化塔身下部结构、顶升加节方便。

（2）下回转塔式起重机

下回转塔机是指回转支撑设置于塔身底部，塔身相对于底架转动的塔机。其回转总成、平衡重、工作机构等均设置在下端，吊臂装在塔身顶部，塔身、平衡重和所有的机构等均装在回转台上，并与回转台一起回转。此种塔机除了具有重心低、稳定性好、塔身所受弯矩较小（上回转塔机塔身的弯矩由对角线布置的两根主弦杆承受，下回转塔机塔身的弯矩则由四个弦杆共同承受）的好处外，还因平衡重放在下部，能做到自行架设，整体搬运。缺点是：对回转支撑要求较高，使用高度受到限制，驾驶室一般设在下回转台上，操作视线不开阔。

二、按使用状况分类

塔式起重机的种类繁多，形式各异，应用广泛，在电力、路桥、冶金等建筑施工现场还存在以下几种，见表2—1。

表2—1　　　　　塔式起重机使用状况分类

序号	分类形式	类别
1	按结构形式分	自升式塔机、附着式塔机、内爬式塔机
2	按固定方式分	固定式塔机、轨道行走式塔机

具体划分如下：
1. 按结构形式分

塔机按结构形式不同分为附着式塔机和内爬式塔机，这两种结构形式都属于自升式塔机，如图2—5所示。

（1）附着式塔机

附着式塔机是指通过附墙支撑装置将塔身锚固在建筑物上的自升式塔机。

（2）内爬式塔机

内爬式塔机是指设置在建筑物内部，通过支撑在建筑物上的专门装置，使整机能随着建筑物高度的增加而升高的塔机。

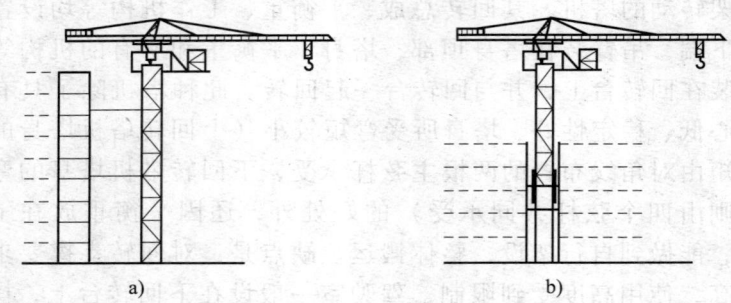

图2—5　附着式塔机和内爬式塔机
a）附着式　b）内爬式

2. 按固定方式分

塔机按固定方式不同分为固定式塔机、轨道行走式塔机、塔式工况汽车吊和塔式工况履带吊四种。

（1）固定式塔机

固定式塔机是指通过连接件将塔身基础固定在地基基础或结构物上进行起重作业的，不能做任何移动的塔机。固定式塔机可分为塔身高度不变式和自升式。因此，自升式塔式起重机是固定式塔式起重机的一种。

（2）轨道行走式塔机

轨道行走式塔机是指在轨道上运行的塔式起重机,亦称轨道式塔式起重机,其塔机是用刚性车轮把整台起重机支撑在临时性的轨道上,轨道铺设在碎石子与枕木上。塔机可在较长的一个区域范围内进行水平运输,也可沿轨道转弯行驶,故能适应不同造型建筑物的需要。其最大特点是可带载行走,有利于提高生产效率,如图2—6所示。

图2—6 轨道行走式塔机

(3) 塔式工况汽车吊

塔式工况汽车吊是以汽车起重机功能为主,兼有塔式工况性能的起重设备,如图2—7所示。

(4) 塔式工况履带吊

塔式工况履带吊是以履带起重机功能为主,兼有塔式工况性能的起重设备,如图2—8所示。

图2—7 塔式工况汽车吊　　图2—8 塔式工况履带吊

塔式工况汽车吊和塔式工况履带吊是新型的起重设备,其工作性能介于塔机与流动式起重机之间,与其他塔机相比具有快速安装使用的特点。

三、塔式起重机主要特点

塔式起重机的类型较多,但其共同特点是都有一个直立的塔身,在塔身上部装有起重臂,形成"厂"形工作空间,且幅度可变,有较高的有效吊装高度及较大的工作空间。应用塔式起重机对于加快施工进度、缩短工期、降低工程造价起着重要的作用。因此,塔式起重机在高层工业和民用建筑施工的使用中一直处于领先地位。

1. 塔式起重机的主要优点

(1) 工作效率高,适用范围广泛,工作幅度较大,起升高度高,起重力矩大。

(2) 可同时在垂直、水平、回转三维空间中连续作业,工作效率高。

(3) 驾驶室视野开阔,操作方便,性能稳定,维护方便,使用安全、可靠。

(4) 结构比较简单,工作速度快,调速微动性能平稳。

(5) 装拆、运输方便、迅速,安装微动性能好,适应频繁转移工地的需要。

2. 塔式起重机的缺点

(1) 结构庞大,质量大,安装、拆卸劳动强度大。

(2) 拆卸、运输和转移不方便,费用高,占地面积大。

(3) 司机进出驾驶室不方便。

(4) 对于轨道式起重机,还需铺设行走轨道,构筑费用高。

第三节 塔式起重机主要技术参数

塔式起重机的基本参数是指直接影响塔式起重机的工作性

能、结构设计、制造成本的各种参数,是司机为保证安全操作必须掌握的基本知识。

塔机基本参数包括起重力矩、起重量、幅度、起升高度、自由高度(独立高度)、最大高度等;其他参数包括工作速度、结构质量、尺寸、(平衡臂)尾部尺寸及轨距等。

一、塔式起重机技术参数术语

1. 起重力矩 M

起重力矩 M 是幅度 L 和相应起吊物重力 Q 的乘积,单位为 $t·m$ 或 $kN·m$。

塔式起重机的起重能力是以起重力矩表示的,以标准规定的最大工作幅度与相应的最大起重载荷的乘积作为起重力矩的标准值。

计量公式为:

$$M = L \times Q$$

计量单位为 $t·m$ 或 $kN·m$。换算关系为 $1\ t·m = 10\ kN·m$。

2. 起重量 G

起重量 G 是指被起升重物的质量,单位为 t。起重量包括额定起重量和最大起重量。

额定起重量 G_n 是指起重机允许吊起的重物连同吊具质量的总和。

最大起重量 G_{max} 是指起重机在正常工作条件下允许吊起的最大额定起重量。

3. 幅度 L

幅度 L 是指起重机置于水平场地时,空载吊具垂直中心线至回转中心线之间的水平距离,单位为 m。幅度包括最大幅度和最小幅度。

最大幅度 L_{max} 是指起重机工作时,臂架斜角最小或小车在臂架最外极限位置时的幅度。

最小幅度 L_{min} 是指臂架斜角最大或小车在臂架最内极限位置时的幅度。

4. 起升高度 H

起升高度 H 是指起重机水平停车面至吊具允许最高位置的垂直距离，单位为 m。

5. 工作速度

塔式起重机的工作速度包括起升速度、小车变幅速度、回转速度、塔机行走速度等。

（1）起升速度

起升速度是指起吊各稳定运行速度挡对应的最大额定起重量，在吊钩上升过程中稳定运动状态下的上升速度。

（2）小车变幅速度

小车变幅速度是指小车变幅塔式起重机离地高于 10 m、风速小于 3 m/s 时，额定载荷的小车在起重臂水平轨道上运行的变幅速度。

（3）回转速度

回转速度是指塔式起重机在最大额定起重力矩载荷状态、风速小于 3 m/s、吊钩位于最大高度时的稳定回转速度。

（4）塔机行走速度

塔机行走速度是指塔机在额定载荷、风速小于 3 m/s、起重臂平行于轨道方向时稳定运行的速度。

6. 轨距或轮距 K

轨距或轮距 K 是指轨道中心线或起重机行走轮踏面中心线之间的水平距离，单位为 m。

7. 起重机的总质量

起重机的总质量是指包括压重、平衡重、燃料、油液、润滑剂和水等在内的起重机各部分质量的总和，单位为 t。

8. 安全距离

安全距离是指塔机运动部分与周围障碍物之间的最小允许

距离。

9. 尾部尺寸

下回转起重机的尾部尺寸是指由回转中心线至转台尾部（包括压重块）的最大回转半径。上回转起重机的尾部尺寸是指由回转中心线至平衡臂尾部（包括平衡重）的最大回转半径。

10. 结构质量与尺寸

结构质量是指塔式起重机各部件的质量。结构质量、外形轮廓尺寸是运输、安装、拆卸塔式起重机时的重要参数，各部件的质量、尺寸以塔式起重机使用说明书上标注的为准。

二、塔式起重机技术参数对照

塔机的主要参数有起重力矩、幅度、起重量及起升高度。这些参数均与其施工的建筑物的建筑设计和结构设计密切相关。因此，在采用塔机进行吊装施工时，首先要研究并选定塔机最合理的主要参数。

决定塔机技术性能高低的其他参数包括工作机构的运行速度、轨距、转台尾部尺寸和结构质量等，这些参数也是在选用塔机时必须加以考虑的。

塔机的技术参数是塔机的工作性能特征反映，塔机司机不仅要掌握塔机的技术参数术语，还要全面掌握该塔机的技术参数对照应用，才能有效地保证塔机的安全运行。

1. 起重载荷特性曲线图

塔式起重机的起重量随着幅度的增加而相应递减，幅度越大，起重能力越小；幅度越小，起重能力越大。因此，在各种幅度时都有额定的起重量，不同的幅度和相应的起重量连接起来，绘制成起重机的性能曲线图，使操作人员一看即知不同幅度下的额定起重量，防止超载。以 QTZ63 型塔式起重机为例，其起重载荷特性曲线如图 2—9 所示。

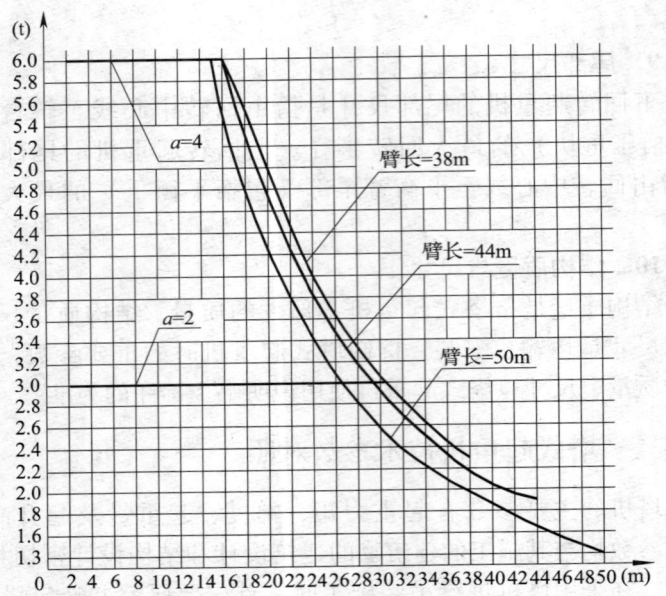

图2—9 QTZ63型塔式起重机起重载荷特性曲线

2. 塔机起重特性表

根据使用特性不同,塔式起重机采用不同的臂长和不同倍率的滑轮组,而不同的臂长与倍率直接影响着起重载荷能力,因此,必须将载荷特性曲线表与起重特性表结合应用。以QTZ63型塔式起重机为例,其起重特性表见表2—2。

表2—2　　QTZ63型塔式起重机起重特性表　　kg

幅度（至塔身中心）/m	50m臂56		44m臂48		38m臂42	
	2绳	4绳	2绳	4绳	2绳	4绳
2.50~15.00	3 000	6 000	3 000	6 000	3 000	6 000
16.00	3 000	5 490	3 000	6 000	3 000	6 000
18.00	3 000	4 790	3 000	5 350	3 000	5 580
20.00	3 000	4 230	3 000	4 730	3 000	4 940

续表

幅度（至塔身中心）/m	50m 臂 56		44m 臂 48		38m 臂 42	
	2 绳	4 绳	2 绳	4 绳	2 绳	4 绳
22.00	3 000	3 780	3 000	4 240	3 000	4 420
24.00	3 000	3 410	3 000	3 820	3 000	3 990
26.00	3 000	3 090	3 000	3 470	3 000	3 630
27.00	3 000	2 950	3 000	3 320	3 000	3 470
28.00	2 820	2 820	3 000	3 180	3 000	3 320
30.00	2 590	2 590	3 000	2 920	3 000	3 050
32.00	2 390	2 390	2 700	2 700	2 940	2 830
34.00	2 210	2 210	2 500	2 500	2 620	2 620
36.00	2 050	2 050	2 330	2 330	2 440	2 440
38.00	1 910	1 910	2 170	2 170	2 300	2 300
40.00	1 790	1 790	2 030	2 030	—	—
42.00	1 670	1 670	1 910	1 910	—	—
44.00	1 570	1 570	1 800	1 800	—	—
46.00	1 480	1 480	—	—	—	—
48.00	1 390	1 390	—	—	—	—
50.00	1 300	1 300	—	—	—	—

第三章
塔式起重机主要机构及组成

塔式起重机的主要机构是围绕塔机工作性能而组成的,并构成塔机实现垂直、水平及回转输送物料特定功能的组合体。塔机主要由工作机构、金属结构、安全装置(在第四章中介绍)、电气及控制系统四大部分组成。

第一节 塔式起重机的金属结构

金属结构是塔式起重机的骨架,它承受起重机的自重、承载着物料起升回转时的载荷,同时承载着外来风力载荷。金属结构主要由塔身、顶升套架、上支座、下支座、起重臂、平衡臂、塔帽和底架等构件组成。

一、塔身

塔身也称塔架,是塔机金属结构的主体,起到支撑塔机上部的质量和载荷的作用。塔身结构采用镇静钢以二氧化碳气体保护焊焊接而成,经无损探伤达标后形成强度高、质量可靠的塔机标准节。

1. 塔机标准节

塔机标准节是指垂直加节的塔身装置,分为桁架结构、薄壁圆筒结构和65Mn钢的等边角钢三种结构形式,其断面尺寸分为 1.2 m × 1.2 m、1.4 m × 1.4 m、1.6 m × 1.6 m、2.0 m ×

2.0 m等，塔身标准节长度有2.5 m和3 m等多种规格。以桁架结构标准节为例，其结构如图3—1所示。

图3—1　桁架型塔机标准节的结构

塔机标准节主弦杆和腹杆常用无缝钢管、角钢或方钢管制作而成，其截面为正方形，沿塔身高度方向制成等截面或变截面结构，整个标准节是一空间桁架结构。其中一侧两根主弦杆上各焊有两个支撑块，该支撑块在塔身加节或降节时起踏步的作用。各标准节内均设置爬梯，以便于作业人员上下，爬梯宽度不小于500 mm，梯步间距不大于300 mm，每500 mm设一护圈，当爬梯高度超过10 m时，梯子分段转接，在转接处加设一道休息平台，如图3—2所示。

塔身标准节材料质量、制造精度、载荷强度都应符合设计要求，保证同规格塔身标准节具有任意互换性，主肢接合处外表面阶差不大于2 mm。

塔机基础节是指与塔机固定式基础直接接触的部分，其底面增设了必备的附属装置，该基础节与其他标准节不具备互换性，基础节均用黑色标示，如图3—3所示。

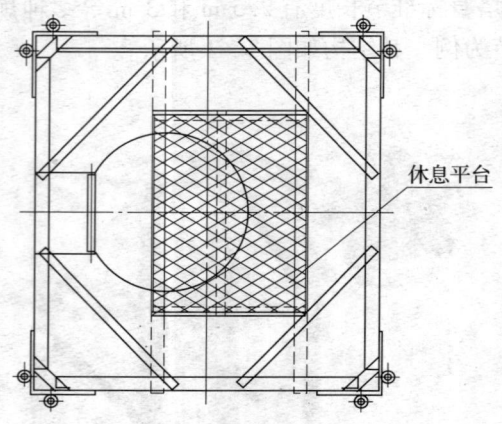

图3—2 塔机标准节休息平台

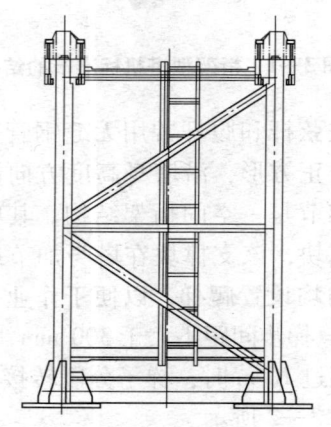

图3—3 塔机基础节

2. 塔机标准节的连接

塔机标准节套管的连接通常有以下三种形式：

（1）端面无间隙对接

端面无间隙对接是指将套管与主弦杆焊接后，端面经过机械加工，上、下主弦杆与套管端面依靠螺栓外径与套管内径定位对接，如图3—4所示。这种形式具有连接接触面积大，间隙小，单位面积压力小，抗水平扭矩能力强，接点稳定性强等特点。

图3—4　端面无间隙对接外形

（2）端面有间隙、带凸台对接

端面有间隙、带凸台对接外形是指在标准节上部主弦杆上焊有定位凸台，定位凸台伸入另一标准节主弦杆内，上、下套管之间留有一定间隙配合定位，如图3—5所示。这种方式定位准确，能有效阻止标准节水平方向的位移，接点稳定性好，故目前采用较多。

图3—5　端面有间隙、带凸台对接外形

(3) 端面有间隙、无凸台对接

端面有间隙、无凸台对接是指在上、下套管之间留有一定间隙，上、下主弦杆端面同时接触对接，如图3—6所示。这种形式抗水平扭矩能力相比第一种、第二种较差，优点是加工相对容易，所以应用也较多。

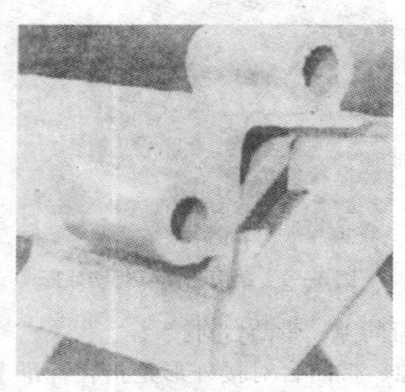

图3—6 端面有间隙、无凸台对接外形

3. 高强度固定螺栓

塔机标准节采用高强度螺栓连接固定，高强度螺栓的选用应根据塔机使用说明书规定的等级，通常为 8.8、9.8、10.9 级。标准节螺栓连接时应能轻松穿入，避免锤击，高强度螺栓按规定的力矩拧紧，紧固后主肢端面接触面积不小于接触面的 70%。

高强度螺栓具有标志性，其头部的顶面或侧面、螺母的侧面打上性能等级及制造厂标志。

4. 标准节斜撑

斜撑是指在底部标准节与底架之间架设的支撑件，起到使塔身底部和底架的连接部位更为牢靠，同时提高塔身危险断面抗载荷强度的作用。

斜撑由角钢焊制成方管或无缝钢管形状。斜撑上端通过抱箍和螺栓与底部标准节上端相连接，下端通过销轴与塔机底架相连接。斜撑是在塔机标准节升至一定高度后进行架设的，斜撑的拆卸应随着底部标准节一同进行。

二、顶升套架

顶升套架是塔机加节、卸节专用机构。根据构造特点不同，可分为整体式和拼装式；根据套架的安装位置不同，可分为外套架和内套架，如图3—7所示。

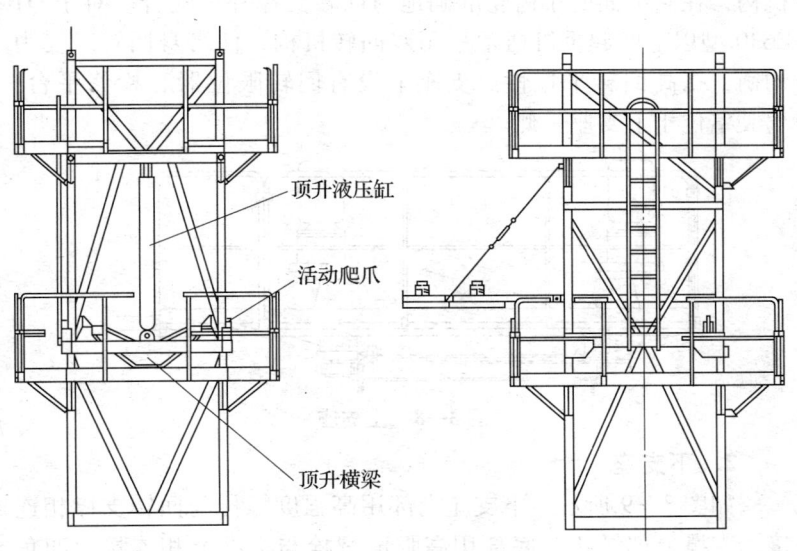

图3—7 顶升套架总成

顶升套架主要由套架结构、上工作平台、下工作平台、顶升横梁、活动爬爪、顶升液压缸等组成。套架结构是由钢管、槽钢、钢板等组合焊成的框架型结构装置。套架前侧有一长方形的窗口，标准节是通过下支座上装设的引进横梁和引进小车从长方形的窗口引进的。

三、上支座和下支座

上支座和下支座是承载回转机构,使回转时塔身受力均衡、回转平稳。

1. 上支座

如图3—8所示,上支座是整体箱形结构,由钢板拼焊而成。上部有4块耳板,通过销轴与塔顶相连接,下部用高强度螺栓与回转支撑相连接,在上支座一侧垂直地安装有一套回转机构,在它下面的小齿轮准确地与回转支撑外齿啮合。对于QTZ630型以上的起重机通常采用双回转机构,使塔身回转时受力均衡,提高回转平稳性。支座上设有回转限位器和检修平台,驾驶室位于上支座一侧。

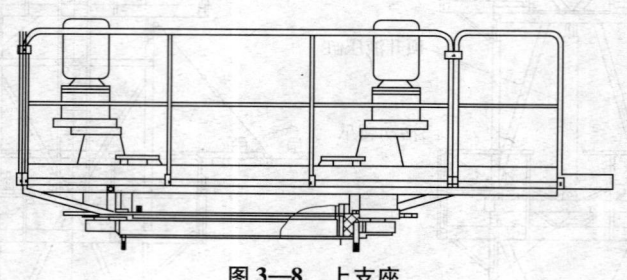

图3—8 上支座

2. 下支座

如图3—9所示,下支座上部用高强度螺栓与回转支撑相连接,支撑上部结构。底部用高强度螺栓与标准节相连接,四角用销轴与套架相连接,下部装有一根引进标准节用的横梁。

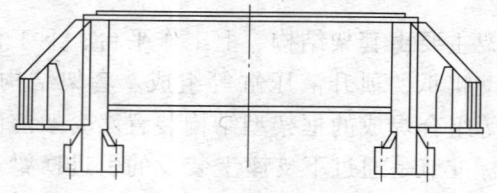

图3—9 下支座

由于塔式起重机塔身高，吊臂长，塔机在回转时严禁打反车停车或利用打反车进行制动，若使用打反车制动，容易加大塔机上下支座扭矩倍率，甚至会造成事故。

四、起重臂及拉杆

1. 起重臂

塔机起重臂又称吊臂或臂架，起重臂分为动臂式臂架、水平式臂架、折臂式臂架3种形式，如图3—10所示。

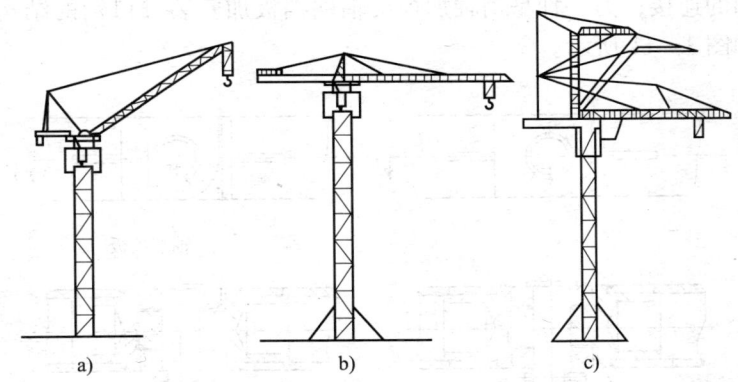

图3—10 塔式起重机臂架
a) 动臂式臂架 b) 水平式臂架 c) 折臂式臂架

（1）动臂式臂架

动臂式臂架是指通过起重臂倾角的变化来改变吊钩工作幅度的装置。动臂式臂架主要承受轴向压力，依靠改变臂架的倾角来实现塔式起重机工作幅度的改变。臂架中间部分采用等截面平行弦杆，两端为梯形或三角形形式。臂架中间部分制成若干段标准节，臂架之间采用销轴或螺栓连接。

（2）水平式臂架

水平式臂架主要应用于小车变幅式塔机，其臂架一般采用格构式正三角形截面形式。臂架的上弦杆为无缝钢管，下弦杆常用两块角钢拼焊成方管,兼作小车的运行轨道,整个臂架为三角形空间桁架结构。腹杆、两个侧面桁架和水平桁架采用带竖杆的三角形式。

臂架分为数节,根据所用臂长组装成整体,臂架采用双吊点,变截面空间桁架结构,臂架根部采用销轴与上支座相连接,并且在起重臂第一节安置小车牵引机构和悬挂吊篮,吊篮用于安装和维修。

臂架的连接方式通常有两种,一种是销轴加轴端安装开口销的连接;另一种是销轴加焊接轴端挡板加安装开口销的结构,如图 3—11 所示。

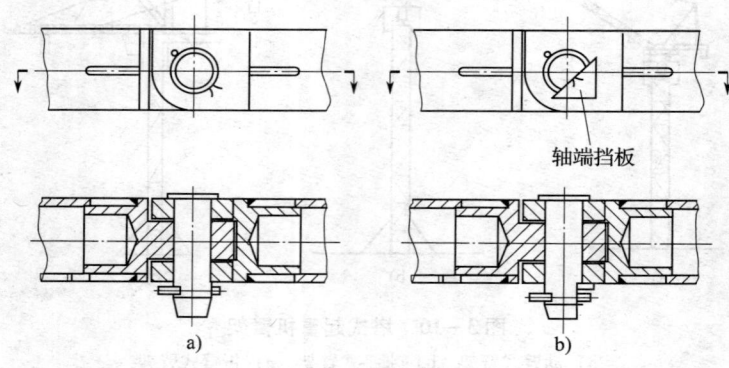

图 3—11 臂架的连接形式
a) 销轴 + 开口销　b) 销轴 + 轴端挡板 + 开口销

自升式塔机的小车变幅起重臂下弦杆的连接销轴不宜采用螺栓固定轴端挡板的形式。当连接销轴轴端采用焊接挡板时,挡板的厚度和焊缝应有足够的强度,挡板与销轴应有足够的重合面积,以防止销轴在安装和工作中由于锤击力及转动可能产生的不利影响。

臂架节安装中应按照制造商在臂架上标示的标记及序号进行,切不可任意更换,也不可将小销装入大孔。

（3）折臂式臂架

折臂式臂架结构较复杂，建筑施工领域应用较少，在此不再赘述。

2. 拉杆

拉杆的结构形式主要有挠性拉杆和刚性拉杆两种。目前使用的多数为多节拼装的刚性拉杆。拉杆由圆钢和耳板焊接而成，各节拉杆间通过销轴相连接，销轴的防松脱措施是在轴端安装开口销。开口销在装入销轴后一定要张开，张开角度应大于90°，由于起重机承受的是交变载荷，如果开口销不张开，销轴脱落，将引起吊臂折断事故。刚性拉杆是重要的受力杆件，在安装、运输及堆放过程中切勿损伤。每次使用前必须严格检查。

3. 臂架的固定方式

为保持小车变幅式水平起重臂架成水平状，臂架通过拉杆与塔帽连接固定，固定点设置在相应位置的节臂上，通过销轴和拉杆与塔帽顶部连接。其固定方式分为吊点设在上弦和吊点设在下弦两种，如图3—12所示。

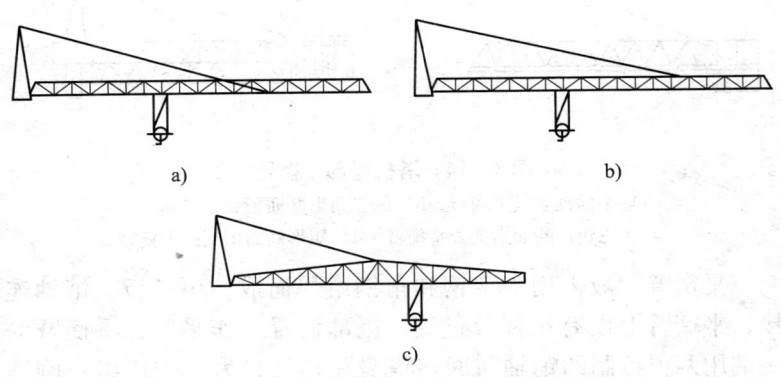

图3—12 小车变幅式臂架的固定

a) 吊点设在下弦　b)、c) 吊点设在上弦

五、平衡臂

平衡臂是指具有起重臂配重，平衡起重力矩功能的装置，同时还兼有对起升机构安全辅助的作用，如图3—13所示。

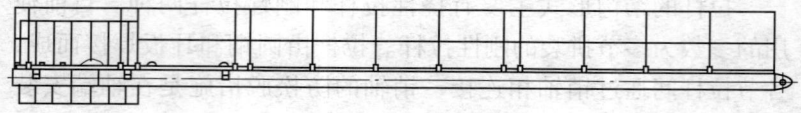

图3—13 平衡臂

平衡臂分为平面框架式平衡臂、倒三角形断面桁架式平衡臂、正三角形断面桁架式平衡臂、矩形断面桁架式平衡臂4种形式，如图3—14所示。

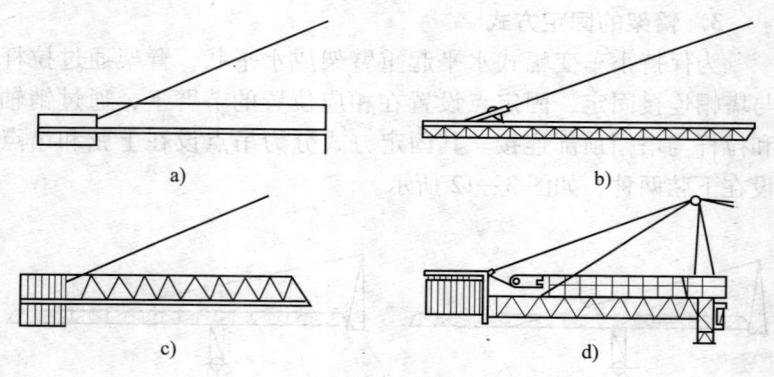

图3—14 塔机尾部平衡臂
a) 平面框架式平衡臂 b) 倒三角形断面桁架式平衡臂
c) 正三角形断面桁架式平衡臂 d) 矩形断面桁架式平衡臂

平衡臂一般采用工字钢和角钢组焊而成，用耳板、销轴连接，平衡臂上设有拉杆及过道，尾部设置工作平台，平衡臂的一端两根特制的销轴与回转塔身相连接，另一端用组合刚性拉杆同塔帽相连接，将平衡臂挂至水平位置。

平衡臂尾部装有平衡重和起升机构，起升机构本身有独立的底座，用4根销轴平衡在平衡臂上，平衡重的质量随吊臂长度的改变而变化，50 m 臂时为 13 t，44 m 臂时为 12 t，38 m 臂时为 11 t。

六、塔帽

塔帽是起重臂与平衡臂的中间装置，承受臂架拉绳及平衡臂拉绳传来的上部载荷，并通过回转塔架、转台、承座等结构部件传递给塔身结构。塔机塔帽总成如图3—15所示。

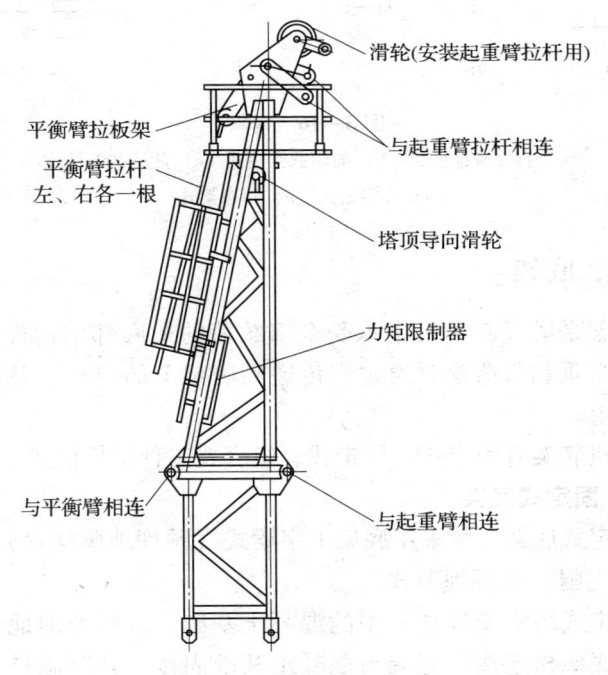

图 3—15 塔机塔帽总成

塔帽分为直立截锥柱式、前倾截锥柱式、后倾截锥柱式、人字架式、斜撑架式5种结构形式。塔帽由角钢、无缝钢管、钢板等组焊成斜锥体。上端通过拉杆使起重臂与平衡臂保持水平,下端用螺栓与回转塔身相连接。为了安装臂架拉杆和平衡臂拉杆,在塔顶上部设有工作平台和滑轮组,如图 3—16 所示。

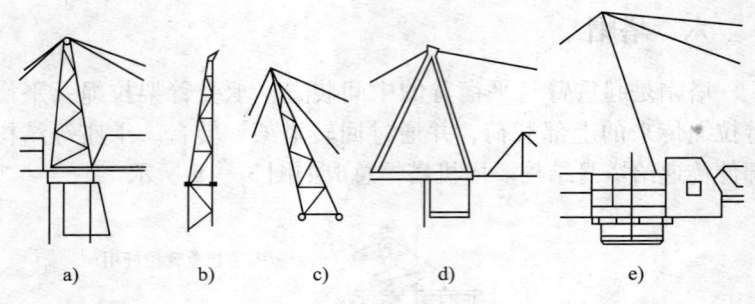

图 3—16　塔帽
a）直立截锥柱式　b）前倾截锥柱式　c）后倾截锥柱式
d）人字架式　e）斜撑架式

七、底架

底架是塔式起重机中承受全部载荷的最底部结构件,塔机的全部自重和载荷都要通过它传递到底架下的混凝土基础或行走台车上。

塔机底架有固定式、行走式、组合式三种结构形式。

1. 固定式底架

固定式底架一般采用底架十字梁式（预埋地脚螺栓）、预埋脚柱（支腿）或预埋节式。

固定式塔机安装在专用的混凝土基础上,预埋的地脚螺栓上端与底架相连接,底端与混凝土基础固接。其基础是保证塔机安全使用的必备条件,在安装塔机前应预先按照生产厂家提供的地基图进行混凝土基础施工。

固定式底架安装前应对基础表面进行处理,保证基础的水平度允差不能超过 1/5 000,同时塔机基础不得有积水,以避免塔机基础不均匀沉降，在塔机基础附近不得随意挖坑或开沟。

2. 行走式塔机底架

行走式塔机底架将起重机自重和载荷力矩通过行走轮传递给轨道，如图3—17所示。它由基础节、纵梁、横梁、夹轨器、撑杆等组成。

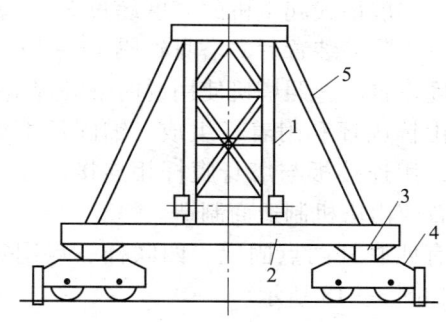

图3—17 行走式塔机底架
1—基础节 2—纵梁 3—横梁 4—夹轨器 5—撑杆

行走式塔机轨道由钢轨敷设，钢轨一般采取直线双轨（钢轨质量为43 kg/m）的重轨，钢轨下面采用枕木，枕木下面均匀敷设厚度超过40 cm的道渣并夯实，路基土壤必须夯实，承载能力满足大于 10 t/m² 的要求。轨道前后两端设置限位装置，以防止塔机出轨。

塔机轨道碎石基础和轨道敷设后，其检验标准应满足国家标准《塔式起重机安全规程》（GB 5144—2006）的要求。

3. 组合式底架

组合式底架是指可移动装配式底架，是与拼装式基础结合使用的专用底架。该底架由钢筋砼结构件、钢格构柱底座、底座连接高强度螺栓组成。安装后形成4个延伸脚呈"十"字形分布的塔机底架。由于该底架是依靠高强度螺栓将砼基础与底架组合形成整体,因此,底架高强度螺栓及力矩的可靠性十分重要,必须达到设计要求,并按规定对其进行定期安全检查,以保证底架稳固与安全。

八、附墙装置

当塔式起重机升至一定高度时需要增设附墙装置,以增加塔机的稳定性。一般塔式起重机的高度超过 30 m 就要有附墙装置,在设置第一道附墙装置后,塔身每隔 14~20 m 需加设一道附墙装置,高度设置应遵照塔机使用说明书的规定执行。

附墙装置由锚固环和附着杆组成。锚固环由型钢、钢板拼焊成方形截面,用连接板与塔身腹杆相连接,并与塔身主弦杆卡固。附墙装置应由塔机制造商制造。

附着形式有四联杆两点固定、四联杆三点固定、三联杆两点固定 3 种,如图 3—18 所示。

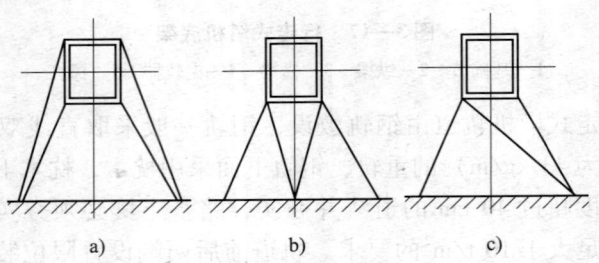

图 3—18 塔机附墙装置形式
a) 四联杆两点固定 b) 四联杆三点固定 c) 三联杆两点固定

九、驾驶室

驾驶室是封闭式构件,独立侧置,宽敞舒适,操作方便,视野开阔。内部设置操纵台和电子控制仪器盘,设有零位自锁装置,以防止误动作,驾驶室内侧附有起重特性表,并配置消防器材,驾驶室门窗玻璃应使用钢化玻璃或夹层玻璃。

第二节　塔式起重机的工作机构

塔式起重机的工作机构是实现塔机起升、变幅、回转三维动作机构的组合体，主要由起升机构、变幅机构、回转机构、液压顶升机构和行走机构组成。

一、起升机构

起升机构是塔式起重机进行垂直升降的传动装置，由电动机、减速器、卷筒、制动器、离合器、钢丝绳、滑轮组和高度限位器等组成。

1. 工作原理

以 QTZ63（5013）型塔式起重机为例，该塔机采用了 YZ-TD225L2—4/8/32 型三速带涡流制动电动机，通过带制动轮的联轴器带动变速箱，再驱动卷筒获得 3 种绳速，根据吊重再选择不同的滑轮倍率。当选用 2 绳时，速度可达到 10 m/min、40 m/min、80 m/min 三种；若选用 4 绳时，则速度达到 5 m/min、20 m/min、40 m/min 三种。这样对于不同的起吊质量有不同的速度，以充分满足施工要求。为确保启动和制动迅速、平稳，在电动机的另一端带有涡流制动器。在变速箱的输入轴联轴器上装有 YWZ315/45 型液压推杆制动器，起升机构不工作时，制动机构永远处在制动位置。在卷筒轴另一端装有高度限位器，高度限位器可根据实际需要的高度进行调整。起升机构简图如图 3—19 所示。

2. 起升机构的分类

按照调速方式的不同，起升机构大体可分为以下五类：
（1）多速电动机变级调速的起升机构

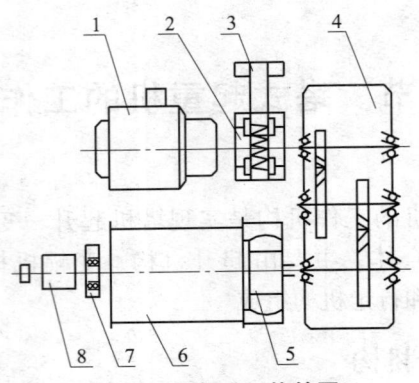

图 3—19　起升机构简图

1—电动机　2—制动轮　3—制动器　4—减速器
5—联轴器　6—卷筒　7—轴承座　8—高度限位器

多速电动机变级调速的起升机构一般由三速电动机、圆柱齿轮减速机、液压推杆制动器、高度限位器等组成。通过改变电动机的极对数而改变电动机的转速,使得整个机构具有高、中、低三挡转速,以实现高速轻载、低速重载的工作要求。调整卷筒尾部的高度限位器,可以使吊钩在预定高度时起升机构停止工作且抱闸制动,若要再次启动,则只能先降下吊钩。该机构具有调速比大,构造简单,操纵方便,应用较广泛的优点;但启动电流和换挡切换电流较大,使用受到一定限制。四绳最大起重量小于等于 6 t 的中、小型塔机以该方式调速为主。

(2) 电磁离合器换挡的起升机构

采用带涡流制动的单速绕线转子电动机驱动装有 2~3 个电磁离合器的减速箱。靠电磁离合器换挡改变减速器的传动比,靠带涡流制动的单速绕线转子电动机串联电阻获取较软的特性和慢就位速度。该起升机构的优点是运行比较平稳,调速比可以设计得较大。但电磁离合器使用寿命短,可靠性差,减速器成本较高,该调速方式较落后,现在已逐渐被淘汰。

(3) 差动行星减速器加双电动机驱动的起升机构

行星减速器的太阳轮由一台电动机驱动,行星架由另一台电动机经行星减速驱动,外轨道的内齿圈固定在起升卷筒上。卷筒转速取决于两台电动机的转速和转向,同向快速,反向慢速。如果是单速电动机,每台电动机则有正转、反转和停止三种状态与另一台电动机相配,因此其速度挡位多,差动调速结构复杂,大多数生产厂家一般不采用该机构。

(4) 涡流制动的多速绕线转子电动机驱动的起升机构

采用多速电动机驱动普通单速比减速器。带涡流制动的多速绕线转子电动机彻底解决了起升机构启动、制动和换挡切换电流大的问题,有慢就位速度,功率可以比笼形电动机用得大。具有调速范围大、启动冲击小、工作平稳、就位准确的特点,目前 8~12 t 起升机构大多采用这种调速方式。

(5) 变频无级调速的起升机构

变频调速是目前塔式起重机中最先进的交流调速方式。变频调速的原理是通过改变电动机定子供电频率来改变同步转速而实现调速。变频调速是无级调速,慢就位速度可长时间运行,可以零速制动,机械传动冲击小,钢结构承载性能稳定。变频调速具有调速范围宽,运行平稳且无冲击,安装就位准确,能满足不同工况需求的特点。

3. 起升机构的穿绕系统

起升机构的穿绕系统是传动的一部分,电动机通电后通过联轴器带动变速箱进而带动卷筒转动,电动机正转时,卷筒放出钢丝绳;电动机反转时,卷筒收回钢丝绳,通过滑轮组及吊钩把重物提升或下降。起升钢丝绳的一端缠绕固定在卷筒上,另一端固定在吊臂端部,通过卷筒、钢丝绳、滑轮组起升机构将电动机的旋转运动转变为吊钩的垂直上下运动。

4. 滑轮倍率变换装置

通过倍率的转换来改变起升速度和起重量。塔机滑轮组倍率大多采用 2 倍率、4 倍率、6 倍率。当使用大倍率时,可获得较大的起重量,但降低了起升速度;当使用小倍率时,可获得较快的起升速度,但降低了起重量。变换倍率的方法是将由4个滑轮组成的4倍率吊钩降到地面,取出中间的销轴,然后开动起升机构,将吊钩上滑轮升到载重小车的下部固定住,这时吊钩滑轮由4倍率变为2倍率,此时,起重能力降低为原来的一半,起升速度提高为原来的两倍,如图3—20所示。

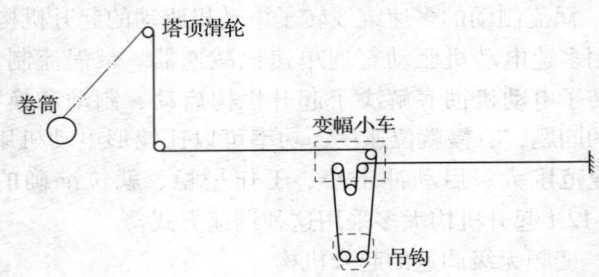

图3—20 起升钢丝绳穿绕(2倍率)示意图

利用同一原理,吊钩若需要从2倍率变为4倍率,只需将吊钩落地,放下吊钩上的滑轮,用销轴连接即可,此时,起重能力提高为原来的两倍,起升速度降低为原来的一半,如图3—21所示。

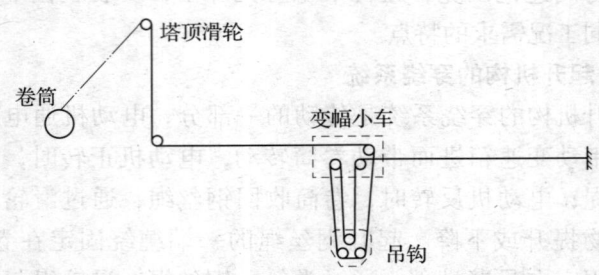

图3—21 起升钢丝绳穿绕(4倍率)示意图

二、变幅机构

塔式起重机的变幅机构也是一种卷扬机构,由电动机、变速箱、卷筒、制动器和机架组成。塔式起重机的变幅方式基本上有两类：一类起重臂为水平形式，载重小车沿起重臂上的轨道移动而改变幅度，称为小车变幅式；另一类利用起重臂俯仰运动而改变臂端吊钩的幅度，称为动臂变幅式。

小车式变幅机构是利用小车沿吊臂水平移动来实现变幅的。它的优点是安装就位准确、变幅速度快、幅度利用率大，该变幅方式目前应用较广泛。其钢丝绳的穿绕方法如图3—22所示。牵引钢丝绳的一端缠绕固定在卷筒上，另一端固定在小车上，变幅时靠钢丝绳的一收一放来保证小车正常工作。

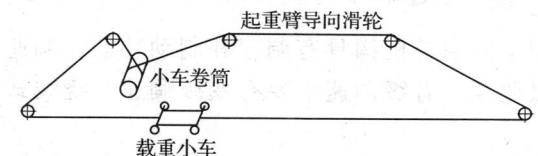

图3—22　变幅小车牵引钢丝绳穿绕方法

动臂式变幅机构是利用吊臂俯仰摆动来实现变幅的。它的优点是在建筑群的施工中不容易产生死角，拆装比较方便。它的缺点是幅度利用率低。

三、回转机构

回转机构通过回转支撑及其装置使塔机做360°全回转。回转机构由回转支撑装置和回转驱动装置两部分组成。回转支撑装置将整个回转部分（包括吊臂、驾驶室、平衡臂、起升机构等）支撑在固定部分上并承受起重机回转部分作用于它的垂直力、水平力和倾覆力矩。在回转限位开关的作用下，塔机左右回转运动一般限定为两圈。

塔式起重机回转机构由电动机、液力耦合器、制动器、变速箱和回转小齿轮等组成。回转机构的传动方式一般是电动机通过液力耦合器、变速箱带动小齿轮围绕大齿圈转动，驱动塔式起重机回转以上部分做回转运动，如图3—23所示。

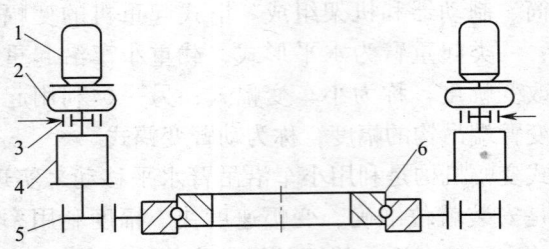

图 3—23　回转机构及回转支撑装置简图
1—电动机　2—液力耦合器　3—内置式（常开）电磁制动器
4—行星齿轮减速器　5—主动小齿轮　6—单排球式回转支撑

塔式起重机回转机构具有调速和制动功能，调速分为有级调速和无级调速。有级调速主要有变级调速、绕线式电动机调速等。

塔式起重机的起重臂较长，迎风面积大。因此，塔式起重机的回转机构一般均采用常开式制动器，即在非工作状态下制动器松闸，使起重臂可以随风向自由转动。臂端始终指向顺风的方向，以降低风载力矩。

四、液压顶升机构

液压顶升机构是指用于自升式塔机塔身升高或降低的液压动力系统。通过电动机驱动液压泵，将电能转化成液压能，再经过控制阀驱动液压缸转变为机械能驱动负载，使下支座以上部分与塔身标准节脱开，从而完成塔身的升高或降低。

液压顶升机构由电动机、齿轮泵、手动换向阀、液压缸、爬爪等组成，其传动简图如图 3—24 所示。该机构操作方便，工作平稳，安全可靠。由于采用双向回油节流调速系统，能有效地控制下支座以上部分的顶升和回缩速度；在油路中装有液压锁（或限速锁），可保证液压缸工作过程中随时停留在任意位置，不至于因瞬间停电或空气开关脱扣时下支架以上部分自行下滑而发生危险。顶升时顶升横梁顶在塔身的支撑块上,在液压缸的作用下套架连同下支座以上部分沿塔身轴线上升,液压缸顶升两次,可引入一个标准节,并实现一次加节顶升过程。

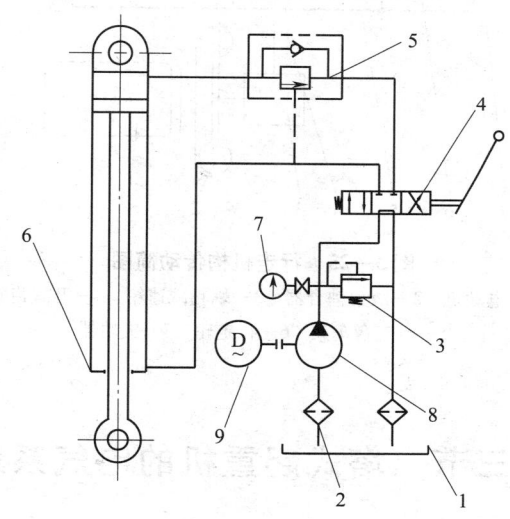

图3—24 液压顶升机构传动简图
1—油箱 2—滤油器 3—溢流阀 4—手动换向阀 5—平衡阀
6—顶升液压缸 7—压力表 8—齿轮泵 9—电动机

五、行走机构

塔式起重机行走机构的作用是驱动塔式起重机沿轨道行驶,以扩大起重机的作业范围。

行走机构由电动机、减速器、制动器、液力耦合器以及两个主动台车和两个被动台车等组成,其传动简图如图3—25所示。由于采用了液力耦合器,使行走启动和停车平稳;行走机构主动台车和被动台车端部均装有夹轨器,可防止非工作状态下塔式起重机受暴风袭击所引起的倾覆,并在主动台车车架的顶端内侧装有行程限位开关，一旦塔式起重机运行超出轨道有效运行范围，会自动切断电源而限位停车。

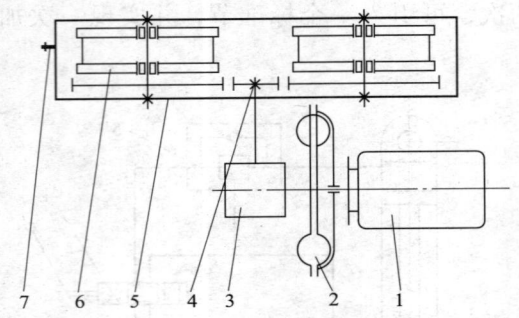

图 3—25　行走机构传动简图
1—电动机　2—液力耦合器　3—蜗轮减速箱　4—开式齿轮
5—行走台车架　6—行走轮　7—夹轨器

第三节　塔式起重机的电气系统

电气系统是塔式起重机传递一切指令并使工作目的得以实现的系统机构，犹如人体的神经系统。塔机电气系统由电源及配电系统、操作与控制系统、电气保护装置、电气设备等构成，如图 3—26 所示。

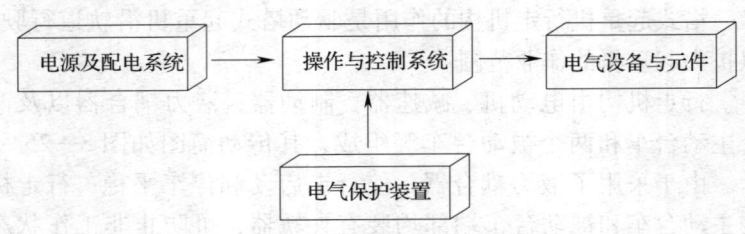

图 3—26　塔机电气系统的构成

一、电源及配电系统

1. 电源

电源是塔式起重机动力与照明的来源，塔机电源采用双线供电，即采用 380 V、50 Hz 三相五线制作为主电源，采用 220 V、50 Hz 三相五线制作为照明电源，采用三级配电、TN—S 接零保护和二级漏电保护系统。供电线路的零线应与塔机的接地线严格分开，工作零线用于塔机的照明等 220 V 的电气回路中。专用保护零线用于塔机的设备外壳上，常称 PE 线，首端与变压器输出端的工作零线相连接，中间与工作零线无任何连接，末端进行重复接地。沿塔身垂直悬挂的电缆应采取护套绝缘电缆固定保护措施。

2. 配电系统

塔式起重机配电系统是指从供电电源通向电路、电气控制柜的配电装置。配电系统由电源、电路、电气控制柜（配电箱）等组成。动力配电系统由主电缆、二级配电箱、工作开关配电箱组成，塔机总电源回路应设置总断路器，总断路器应具有电磁脱扣功能。照明配电系统采用 220 V 电缆从二级配电箱中引入三级配电箱，塔机高度超过 30 m，其照明电源一直保持通电状态，以保持红色障碍指示灯供电不受停机的影响。配电系统动力电源与照明电源分别独立设置。对于轨道运行的塔机应采用电缆卷筒或类似装置供电。电控柜应有门锁，门内应有电气原理图或布线图、操作指示等，门外应设有"有电危险"的警示标志。

二、操作与控制系统

塔式起重机电气控制系统是塔机指挥神经中枢，是实现操作指令目的的装置。该系统有继电器控制、PLC 元件控制等方式。继电器控制使用得最普遍，PLC 元件控制比较先进，采用了可编程控制器与变频器一起构成变频控制电路,目前逐渐在一些中大型的塔式起重机上得到运用。

塔式起重机电气控制系统按其职能不同由主回路和控制回路两大部分组成。主回路是指流过电气设备负荷电流的电路。控制回路是指控制主回路通断或监控、保护主回路正常工作的电路。

1. 主回路

主回路是指电源接入塔式起重机后,通过开关到达各机构电动机及其他电气设备的走向。在主回路中串联一只总接触器进行电源的通断控制,总电源控制电路就是控制总接触器通断的电路。

电源首先通过总电源开关,总电源开关分别设置在塔机底部的二级配电箱和驾驶室内容易操作的部位,驾驶室内的总开关起到总接触器的作用,电路中的保护装置和塔式起重机的安全装置也能控制总接触器,主要控制总接触器断开,以切断电源,保护塔式起重机机械或电气的安全。从总接触器出来的电流分别通往各机构电动机。

2. 控制回路

控制回路按照控制要求控制塔式起重机电源的通断,以及对塔式起重机的使用安全和电气系统的安全进行监控,其电路结构相对较复杂。控制回路一般有继电器控制电路和电动机正反转控制电路。

(1)继电器控制电路

设定电动机正反转控制,按下启动按钮 SB,电源通过熔断器 FU1、停止按钮 SBS、启动按钮 SB、交流接触器线圈 KM、熔断器 FU2 构成回路。交流接触器线圈 KM 得电吸合,主触点 KM 接通电动机电源,电动机开始运转。由于启动按钮 SB 是自复位的,当手松开后,启动按钮 SB 就会断开,接通接触器线圈 KM 的电源也因此断开,电动机停转。因此,在按钮 SB 处并联一组接触器 KM 的辅助常开触点，该辅助触点在接触器主触点吸合时也同时吸合，启动后的电源就从 KM 辅助触点通过，到达线圈 KM，使线圈保持通电状态。此电路称为自保电路，在接触器控制线路中经常用到。需要电动机停止运转时，只要按下停止按钮 SBS，线圈 KM 失电，接触器主触点 KM 断开，电动机停转，如图 3—27 所示。

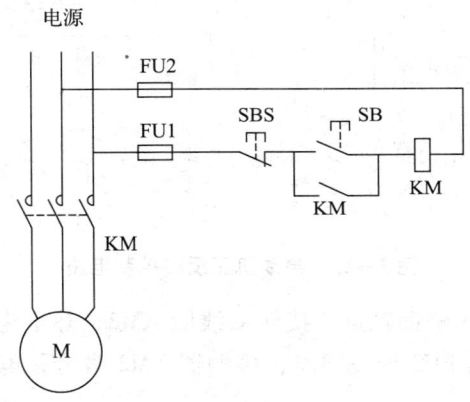

图 3—27　继电器控制电路

（2）电动机正反转控制电路

电动机的旋转方向是由电源的相序决定的，只要改变其电源相序即可改变它的旋转方向。在电动机正反转控制线路中增加了一只倒换电源相序的接触器，以及控制这只接触器的按钮开关，如图 3—28 所示。

设定接触器 KM1 吸合电动机正转。按下启动按钮 SB1，电源经熔断器 FU1、停止按钮 SBS、启动按钮 SB1、接触器 KM2 常闭辅助触点、接触器线圈 KM1、热继电器 KH 常闭触点、熔断器 FU2 构成回路，接触器 KM1 吸合，电动机正向运行。

设定接触器 KM1 吸合电动机反向运行。按下启动按钮 SB2，电源经熔断器 FU1、停止按钮 SBS、启动按钮 SB2、接

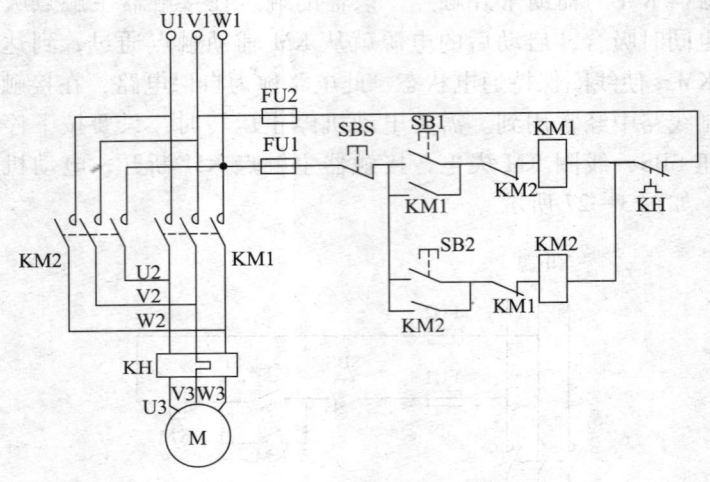

图 3—28　电动机正反转控制电路

触器 KM1 常闭辅助触点、接触器线圈 KM2、热继电器 KH 常闭触点、熔断器 FU2 构成回路,接触器 KM2 吸合,电动机反向运行。

(3) PLC 元件控制

所谓 PLC 元件控制,就是程序语言控制系统。它把操作者发出的上升、下降、回转、变幅等指令用程序语言编写出来,储存在计算机芯片中。这些语言规定:当在什么指令与什么安全条件下就可接通某个回路,当在另一种安全条件下又该断开某回路,把操作过程规范化、程序化,从而达到控制整个塔机的电气安全运转的目的。

PLC 元件控制系统由控制电路和动力电路两大部分组成,通过位于驾驶室的联动台操控发出指令到 PLC 控制系统,经程序处理后直接控制动力系统驱动三大机构正常工作,使起重物做上升、下降、回转、前、后动作,以实现将起重物吊到预定位置的目的。当起重力矩限制器、起重量限制器、起升高度限位器、幅度限位器、回转限位器发出不正常状态信号时，PLC控制系统可做出相应的指令实现安全保护功能。PLC控制器取代了传统电气控制指令系统，取消了一切控制功能中的中间继电器及时间继电器等电气元件及线路，全部指令由规范化、程序化的程序软件执行，从而降低了塔机的故障率。

三、电气保护装置

1. 电动机保护

电动机应具有短路保护、在电动机内设置热传感元件、热过载保护等一种或一种以上保护，具体选用时应按电动机及其控制方式确定。

2. 线路保护

塔机所有外部线路都应具有短路或接地引起的过电流保护功能，在线路发生短路或接地时，瞬时保护装置应能分断线路。

3. 错相与缺相保护

在装有三相交流电动机的设备中，若接线错误，则产生错相使电动机反转，有可能导致设备损坏。若有一相电源断开即产生缺相，由此可能发生电动机烧毁等现象。因此，在塔式起重机保护电路中应设置错相与缺相保护器。

4. 零位保护

塔机各机构控制回路设有零位保护，运行中因故障或失压停止运行后，重新恢复供电时机构不得自行动作，应人为地将控制器置零位后机构才能重新启动。

5. 失压保护

当塔机供电电源中断后，各用电设备均应处于断电状态，避免恢复供电时用电设备自动启动。

6. 紧急停止

司机操作位置处设置紧急停止按钮，在紧急情况下能方便切断塔机控制系统电源，紧急停止按钮应为红色非自动复位式。

7. 预减速保护

塔机具有多挡变速的变幅机构，设有自动减速功能，使变幅到达极限位置前自动降为低速运行。塔机具有多挡变速的起升机构，设有自动减速功能，使吊钩在到达上限位前自动降为低速运行。

8. 超速开关

对动臂变幅机构，一般设置超速开关，超速开关的整定值取决于控制系统性能和额定下降速度，通常为额定下降速度的 1.25~1.4 倍。

9. 避雷保护

为避免雷击，塔机主体结构、电动机机座和所有电气设备的金属外壳、导线的金属保护管均应可靠接地，其接地电阻应不大于 4 Ω。采用多处重复接地时，其接地电阻应不大于 10 Ω。

10. 高度保护

对于塔顶高于 30 m 的塔机，其最高点及臂端应安装红色障碍指示灯，指示灯的供电应不受停机影响。

11. 其他保护

塔机操纵装置上设有电源开合状态信号指示、超起重力矩和超起重量的报警或信号指示。

驾驶室用取暖、降温设备应采用单独电源供电。选用冷暖风机时应选用铁壳防护式，并固定安装，外壳接地。

四、电气设备

塔机电气设备是指动力与电气设备元件。主要包括电动机、控制电器（接触器、继电器、制动器）、保护电器（空气开关、限位开关、漏电保护器）、电阻器、配电柜、连接线路等。

第四章
塔式起重机安全装置

塔式起重机安全装置是保证塔机在允许载荷和工作空间中安全运行，提供设备和人身安全的重要组成部分。塔机安全装置由四限位装置（起升、变幅、回转、行走）、三保险装置（防脱绳、防断绳、防断轴）、二限制装置（力矩、起重量）、一报警装置（报警、监视装置）组成，俗称"四限位三保险二限制一报警安全装置"。

第一节 限位装置

限位器主要控制行程运行，称为行程限位装置，主要包括起升高度限位器、幅度限位器、回转限位开关、行走限位器等。

一、起升高度限位器

起升高度限位器是指限制起升吊钩最大起升高度和起重臂最小安全距离的安全装置，以避免吊钩超高与起重臂冲撞，防止造成起升钢丝绳拉断、起重臂拉翻等事件发生。起升高度限位器主要有重锤式、顶杆式、限位式。重锤式、顶杆式适用于动臂式塔式起重机，限位式适用于水平臂式塔式起重机。

1. 重锤式起升高度限位器

重锤式起升高度限位器是通过重锤的重力作用，开启和闭合开关，实现限位和解除限位功能的安全装置，如图4—1所示。处于非限位状态时,顶杆由于重锤的重力克服弹簧的反作用力而向下,脱离限位开关,限位开关处于打开状态。当起升吊钩上升到重锤位置时,顶起重锤,重锤失去重力,在弹簧的反作用力下,顶杆向上顶住限位开关,使触头打开,切断吊钩上升回路,限位开关的触头闭合,起到限位作用。

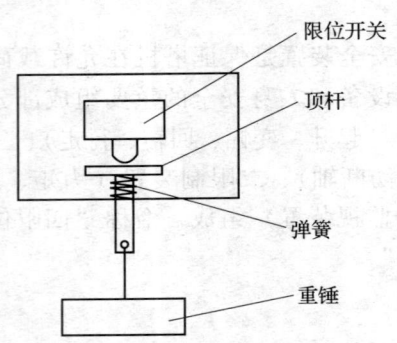

图 4—1 重锤式起升高度限位器

2. 顶杆式起升高度限位器

顶杆式起升高度限位器是通过摇臂带动凸轮(后仰)开启和(前倾)闭合开关实现限位和解除限位功能的安全装置,如图 4—2 所示。处于非限位状态时,起升吊钩未达到最高高度,顶杆无外力,摇臂凸轮处于脱离状态,限位开关触头打开。当起升吊钩上升到最高高度时,顶起顶杆,使摇臂带动凸轮打开限位开关,切断吊钩上升回路,限位开关的触头闭合,起到限位作用。

3. 限位式起升高度限位器

限位式起升高度限位器是通过限制钢丝绳卷筒收紧钢丝绳方向的旋转圈数,限制了钢丝绳收紧的长度,从而起到限制起升吊钩高度的安全装置。限制钢丝绳卷筒圈数的方法是采用多功能转角式行程开关,将限位器输入轴与起升钢丝绳卷筒轴相连接,当卷筒工作时,带动限位器输入轴一起旋转,其转动的

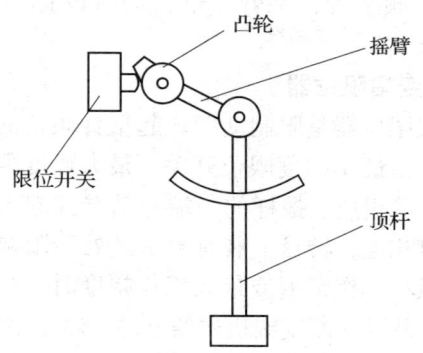

图4—2 顶杆式起升高度限位器

圈数在限位器调整时已被记录下来。卷筒旋转到规定的圈数后，限位器内的凸轮打开微动开关，切断起升上升控制回路的控制电路，吊钩停止上升。

4. 起升高度限位器设置要求

对动臂变幅塔机，当吊钩装置顶部升至起重臂下端的最小距离为800 mm处时，应能立即停止起升运动。对没有变幅重物平移功能的动臂变幅塔机，还应同时切断向外变幅控制回路电源，但应有下降和向内变幅运动。

对小车变幅的塔机，吊钩装置顶部升至小车架下端的最小距离为800 mm处时，应能立即停止起升运动，但可以下降运动。

对所有形式塔机，当钢丝绳松弛可能造成卷筒乱绳或反卷时，应设置下限位器，在吊钩不能再下降或卷筒上钢丝绳只剩3圈时，应能立即停止下降运动。

二、幅度限位器

幅度限位器是限制塔式起重机工作幅度变化超出限定范围，造成安全事故的安全装置。动臂式变幅塔机同时设置动臂式变幅限位器和防后倾装置，平臂式塔机同时设置小车行程限位开关和终端缓冲装置。

1. 动臂式变幅限位器

动臂式变幅限位器是限制动臂式起重臂倾角的安全装置。动臂式变幅限位器由最小幅度限位开关、最大幅度限位开关、限位开关触块、拨杆等组成。拨杆的一端与动臂式起重臂相连，另一端与半圆形转盘相连，转盘上装有触块。处于限幅状态时，当起重臂倾角达到最小工作幅度或最大工作幅度时，触块正好压到相应的限位开关，从而切断变幅机构的电源，停止吊臂的变幅动作，起到限幅作用。处于非限幅状态时，当起重臂变幅改变倾角时带动拨杆，拨杆又带动装有触块的转盘旋转，触块脱离限位开关。

如图4—3所示，当吊臂接近最大仰角时，限位开关触块2的挡块推动安装于臂根铰点处的拨杆4，从而切断最大幅度限位开关3的电源。当吊臂接近最小仰角时，限位开关触块2的挡块推动安装于臂根铰点处的拨杆4，从而切断最小幅度限位开关1的电源。

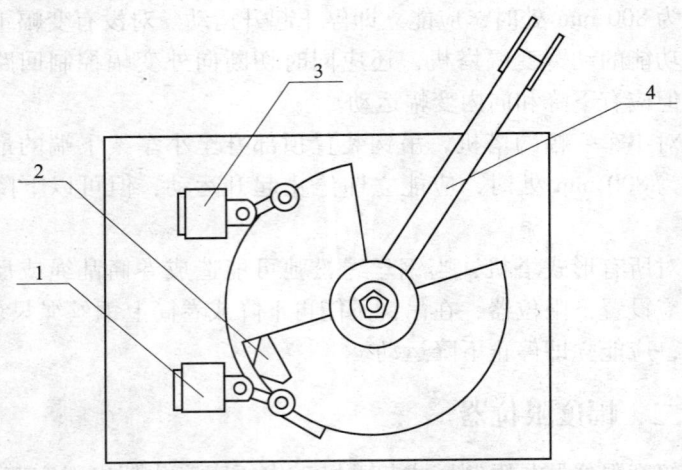

图4—3 动臂式变幅限位器结构示意图

1—最小幅度限位开关　2—限位开关触块　3—最大幅度限位开关　4—拨杆

2. 平臂式变幅限位器

平臂式变幅限位器是指水平移动变幅小车在即将行驶到最小幅度或最大幅度时，断开变幅机构的单向工作电源，以保证小车运行的安全装置。限位开关动作后，其小车停车时的端部距缓冲装置最小距离为 200 mm。

平臂式变幅限位有开关位置固定式和牵引绳长度约束式两种方式。

（1）开关位置固定式

把前限位开关和后限位开关直接固定到需要限位的位置，并在变幅移动小车上安装限位开关拨杆。这样，当变幅移动小车运行到限位开关处，安装在移动小车上的拨杆打开限位开关，起到限位作用。

（2）牵引绳长度约束式

通过控制变幅牵引钢丝绳运行的长度来控制变幅行走小车的距离，约束小车变幅移动，其原理等同起升高度限位。

三、回转限位器

回转限位器是限制塔机回转角度，实现工作定位，防止部件和电缆损坏的安全装置。设置中央集电环的塔机，在操作中可以实现回转限位，不设中央集电环的塔机应设置正反两个方向的回转限位开关，使正反两个方向的回转范围控制在 ±540°内，以防止电缆线缠绕损坏，避免与障碍物发生碰撞等。最常用的回转限位器是由带有减速装置的限位开关和小齿轮组成，限位器固定在塔式起重机回转上支座结构上。

塔机回转部分在非工作状态下应解除限位，允许塔机臂杆自由旋转。

如图 4—4 所示为一回转限位器的安装位置图。当回转机构电动机 2 驱动塔式起重机上部转动时，通过大齿圈带动回转限位开关小齿轮 3 转动，塔式起重机的回转圈数即被记录下来,限位器的减速装置带动凸轮,凸轮上的凸块压下传动限位开关1触头,从而断开相应的回转控制电源,停止回转运动。

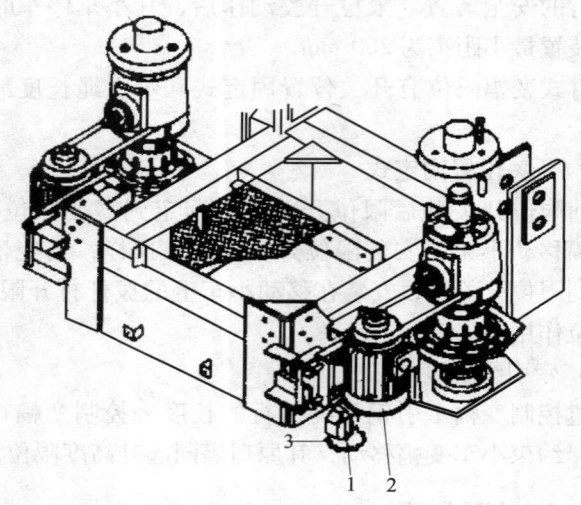

图4—4 回转限位器的安装位置图
1—传动限位开关 2—电动机 3—限位开关小齿轮

四、行走限位器

1. 行走限位器

行走限位器是限制塔机大车行走范围,防止塔机出轨的安全装置。如图4—5所示,行走限位器通常装设于行走台车的端部,前后台车各设一套,可使塔式起重机在运行到轨道基础端部缓冲止挡装置之前完全停车。限位器由限位开关、摇臂滚轮和碰杆等组成,限位器的摇臂居中位时呈通电状态,滚轮有左右两个极限工作位置。铺设在轨道基础两端的位于钢轨近侧的坡道碰杆起着推动滚轮的作用,根据坡道斜度方向,滚轮分别向左或向右运动到极限位置,切断大车行走机构电源。

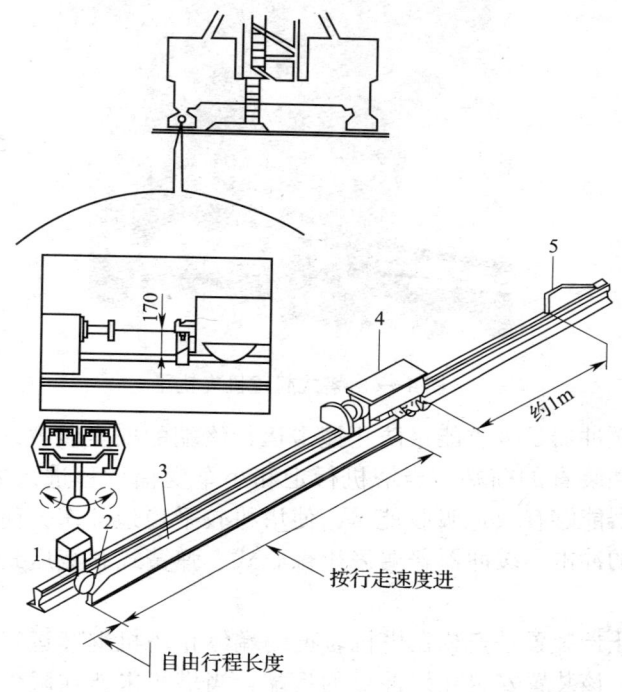

图 4—5　行走限位器示意图
1—限位开关　2—摇臂滚轮　3—轨道　4—缓冲器　5—止挡块

2. 夹轨器

夹轨器（亦称抓轨器）是为轨道式塔机专门设置的防止强台风、抗倾覆的安全装置。当塔机遇强台风停止工作后，只要切断电源，夹轨器即自动放下来，并能自动对正轨道后下落并抓紧轨道，使夹轨钳与轨道连接成一体，以保证塔式起重机的自身稳定，如图 4—6 所示。

3. 缓冲器、止挡装置

缓冲器、止挡装置是塔机行走轨道和小车变幅行程末端设置缓冲或止挡的安全装置。

图4—6 塔式起重机夹轨器

缓冲器是吸收能量防止撞击运行终端的安全装置,它设置在止挡装置的前端,当塔机行走和小车变幅行程进入末端时,缓冲器能够有效地吸收能量,使塔机较平稳地停车,而不产生猛烈的冲击。缓冲器普遍采用橡胶式、弹簧式和液压式三种形式。

止挡装置是安装在塔机轨道终端终止塔机继续运行的安全装置,该装置安装在缓冲器的后端,当塔机未能在限位开关和缓冲器的作用下停止运行时,止挡装置将阻止塔机运行,防止塔机运行装置脱轨。

第二节 保险装置

塔机保险装置是指冗余设计的一种保险与保护机构,以增加塔机运行的安全可靠性。保险装置包括小车断绳保护装置、小车断轴保护装置、钢丝绳防脱装置。

一、小车断绳保护装置

小车变幅的塔机在运行中受环境和载荷影响往往会造成钢丝绳受力过大，甚至破断，因此，小车变幅的塔机在变幅的双向均应设置断绳保护装置，以阻止危害事故发生，如图4—7所示。

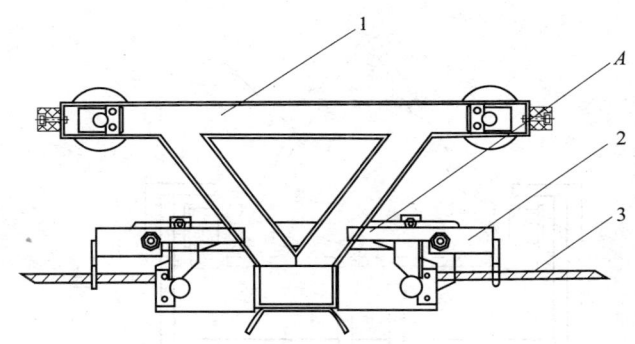

图4—7 小车断绳保护装置示意图
1—行走小车 2—断绳保护装置 3—小车牵引钢丝绳 A—偏心重锤

其原理是：断绳保护装置2平时受牵引钢丝绳的牵制成水平状，小车正常运行。当发生牵引钢丝绳断绳时，钢丝绳下垂，断绳保护装置随着钢丝绳的下垂而成垂直状，A点上翘。断绳保护装置的A点受起重臂下横腹杆的阻挡，阻止小车移动。这种装置简单有效，但在使用中，易出现因牵引钢丝绳松动引起装置的A点上翘，影响小车正常运行，因此，必须调整好牵引钢丝绳的松紧程度。另外，变幅小车是由两根钢丝绳分别牵引两个方向，所以需要具有两组断绳保护装置。

二、小车断轴保护装置

小车断轴保护装置设置在小车变幅的塔机上，即使小车轮轴断裂，小车也不会掉落，是阻止危害事故发生的安全装置。

变幅小车断轴保护装置依靠4个滚轮在起重臂的下弦杆上滚动，4个滚轮轴承受小车、吊具及起重物的全部质量。

如图4—8所示，小车断轴保护装置结构简单，依靠安装在小车架左右两根横梁上的两块固定挡板2，当小车滚轮3轴断裂时，固定挡板2即落在吊臂的弦杆上，断轴保护装置正好卡在滑轮轨道上，使小车不能脱落。

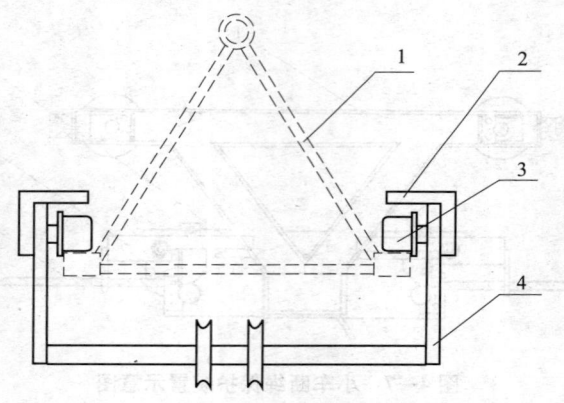

图4—8 小车断轴保护装置示意图
1—起重臂 2—固定挡板 3—小车滚轮 4—变幅小车

三、钢丝绳防脱装置

GB 5144—2006《塔式起重机安全规程》中明确规定：滑轮、起升卷筒及动臂塔机的变幅卷筒均应设有钢丝绳防脱装置，该装置与滑轮或卷筒侧板最外缘的间隙不得超过钢丝绳直径的20%，吊钩应设有防钢丝绳脱钩的装置。

1. 吊钩防脱钩闭锁装置

吊钩防脱钩装置（又称闭锁装置）结构简单，通过装置中弹簧的张力促使防脱钩挡板与吊钩保持封闭锁合状况，以防止钢丝绳从吊钩中脱出而发生危害性事故。由于操作不当往往导致吊钩触地或斜拉斜吊，或者钢丝绳在突然卸载和工作机构较大冲击作用下，使防脱限位板在吊具的推动下后移，从而打开吊钩口，吊钩防脱装置闭锁失效，钢丝绳被挤出，因此，吊钩必须保持防脱钩装置功能有效。

2. 卷筒绳索防脱装置

卷筒绳索防脱装置（又称排绳器）是指引导和控制钢丝绳均匀、逐层排绕在卷筒上的辅助装置，可起到防止钢丝绳跳出卷筒两端凸缘或滑轮钢丝绳槽的安全防护作用。

排绳器是塔式起重机起升机构不可缺少的一套绳索防脱辅助装置，一方面它能确保钢丝绳在卷筒上排列整齐，减轻钢丝绳相互之间的挤压，降低其磨损程度，延长钢丝绳的寿命，另一方面能最大限度地排除因排绳不畅引起钢丝绳跳出卷筒两端凸缘而带来的风险，因此，根据不同的结构形式或受力情况，正确选择科学合理的排绳方案十分重要。

塔机的排绳防脱装置根据其与卷筒的相对位置可分为前置式和后置式，前置式的排绳装置布置于卷筒的右下方；后置式的排绳装置一般布置于卷筒的后端上方。就其工作方式而言，可分为强制式和自然式排绳。目前，塔机普遍采用自然式排绳的方案，随着塔机安全性能的提高，强制性卷筒绳索防脱装置开始在塔机中应用。

第三节　限制装置

限制载荷装置是指塔机工作时，对于超载作业有防护作用的安全装置，包括起重力矩限制器、超载限制器。

一、起重力矩限制器

起重力矩限制器分为机械式和电子式，机械式又可分为弓板式和杠杆式等多种形式。机械式起重力矩限制器应用比较广泛,电子式力矩限制器也开始在塔机上逐步应用。

1. 弓板式起重力矩限制器

弓板式起重力矩限制器由调节螺栓、弓形钢板、限位开关等部件组成,如图4—9所示。弓板式起重力矩限制器有的安装在塔帽的主弦杆上,也有的安装在平衡臂上。其工作原理是相同的。当塔式起重机吊载重物时,由于载荷的作用,塔帽或平衡臂的主弦杆产生变形,这时起重力矩限制器上的弓形钢板也随之变形,并将弦杆的变形放大,使弓形板上的调节螺栓与限位开关的距离随载荷的增加而逐渐缩小。当载荷达到额定载荷时,通过调节螺栓来压迫限位开关,从而切断起升机构和变幅机构的电源,达到限制塔式起重机的吊重力矩载荷的目的。

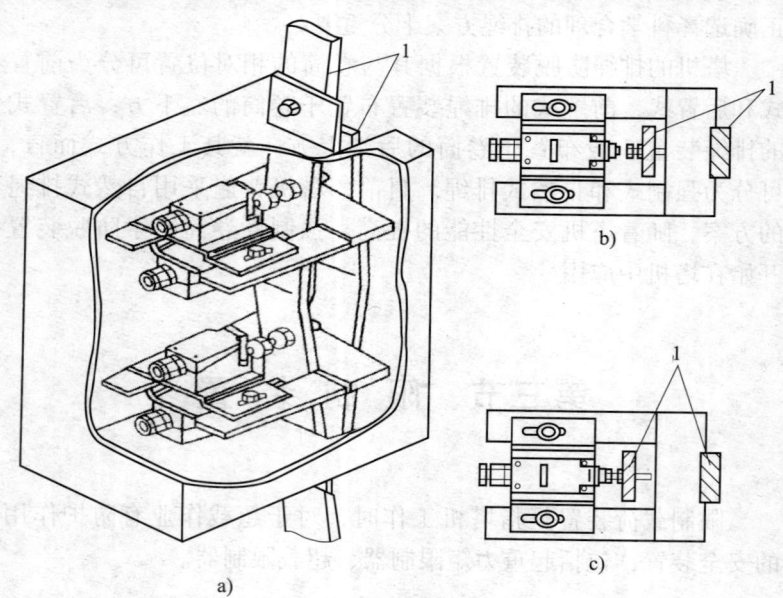

图4—9 弓板式起重力矩限制器机构示意图
a) 限制器构造 b) 载荷较小时状态 c) 超载时状态
1—主弦杆变形放大图

2. 电子式力矩限制器

电子式力矩限制器是塔式起重机不可缺少的安全监控与安全保护装置，是独立的完全由计算机控制的安全操作系统，能自动检测出起重机所吊载的质量及起重臂所处的角度，并能显示出其额定载重量和实际载荷、工作半径、起重臂所处的角度。电子式力矩限制器可实时监控检测起重机工况，自带诊断功能，可实现危险状况快速报警及安全控制，具有黑匣子功能，可自动记录作业时的危险工况，为事故分析处理提供依据。

电子式力矩限制器的仪表装在驾驶室内，采用大屏幕液晶屏显示各种工作状况，具有良好的人机对话界面。在这个小盒子里，装有全部负载、角度和长度信号电路以及所有的开关输入/输出电路，还有包含起重机载荷表的电子记忆集成电路片和使起重机容易操作的软件。仪表上有不同的按键，对于不同的起重机配置（工况），司机可用这些按键输入相应的"设置"号码，并选择正确的卷扬（钩）和绳数（倍率），操作简便。

（1）电子式力矩限制器的构成

包括显示器、单片机计算控制箱、角度传感器、长度传感器、压（拉）力传感器。

（2）电子式力矩限制器监控举例

当实际载荷为额定载荷的90%以下时，显示器"正常"灯亮；当实际载荷达到额定载荷的90%时，显示器"90%"灯亮，同时力矩限制器主机上的蜂鸣器开始间断地鸣叫预警；当实际载荷达到额定载荷的100%时，显示器"100%"灯亮，同时，力矩限制器主机上的蜂鸣器开始间断地加快鸣叫报警；当起重力矩大于相应工况下的额定值并小于该额定值的110%时，显示器"110%"灯亮，同时，力矩限制器主机上的蜂鸣器长鸣报警，继电器动作，起升及起重臂增大工作半径的操作将会自动停止，但机构仍可做下降和减小幅度方向的运动，以防止司机失误或野蛮操作造成危害性事故。

(3) 电子式力矩限制器应用范围

用于动臂式、平臂式、行走式等塔式起重机。

大屏幕液晶屏显示的力矩限制器显示器如图4—10所示。

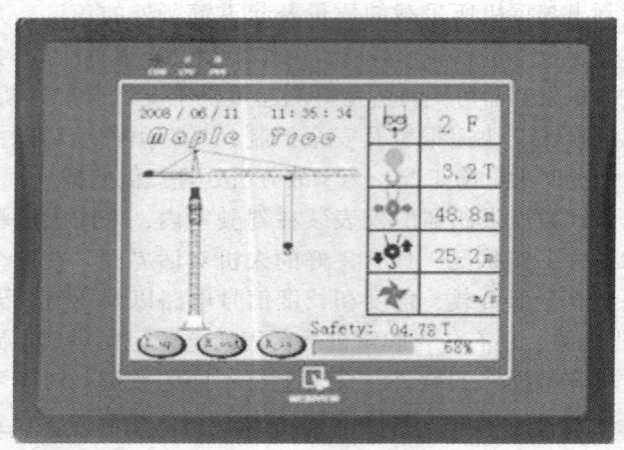

图4—10 大屏幕液晶屏显示的力矩限制器显示器

3. 电子式力矩限制器构成与原理

起重机电子式力矩限制器采用模块化结构，整个装置由质量传感器、角度传感器、高度光电编码传感器（根据用户要求设置）、信号调理模块、模拟/数字转换模块、全液晶中文图形显示模块、专用按键、电源模块等部分组成。

当仪器接通电源，仪器内部各个模块初始化后，CPU将自动采集来自角度传感器、质量传感器并经过信号调理模块处理后的模拟信号，再经过A/D转换成数字信号，经过CPU进行运算处理成相应的位移量和实际质量，将光电编码器送来的脉冲信号也转换为相应的高度，一起送给显示屏显示出相关数据，并与仪器内部E2PROM中预先设定的质量、高度极限值进行比较，当达到或超过预设的极限值时，就发出报警声和汉字提示，并输出控制信号自动切断起重机械趋向危险方向的控制回路，但允许向安全方向运行，从而达到防止发生危险事故的目的。

4. 电子式力矩限制器的主要特点

（1）精度高，数字显示准确，控制可靠，抗干扰能力强。

（2）智能化程度高。在起重机允许范围内，对起重量、幅度、吊钩、高度等参数的变化可连续采样运算、判断、比较，从而达到无级报警及超载、超大幅、超小幅、超高断电保护的目的。

（3）安装调试简单易学，操作人员不需阅读说明书即可自行对各工况参数和数据进行调整。

（4）当起重机械吊钩超高、幅度超大或者超小、提升重物超过其额定质量时，能自动报警，汉字提示当前工作状况，并能自动切断其向危险方向运动的回路，但允许其向安全方向动作。

（5）具有输入防抖动延时、断电保持、存储的数据可长期保存、密码设定、防止参数误设定等功能。

5. 电子式力矩限制器的主要技术参数（见表 4—1）

表 4—1　　　　电子式力矩限制器的主要技术参数

序号	项目	技术参数
1	工作环境温度	$-20 \sim 60\,℃$
2	工作环境湿度	95%（25℃）
3	工作电压	交流 $220 \times (1 \pm 15\%)$ V、直流 $24 \times (1 \pm 20\%)$ V
4	整机功耗	15 W
5	工作方式	连续
6	振动	加速度 $\leq 5\,g$（g 为重力加速度）
7	分辨率	1 cm（高度和幅度）
8	系统综合误差	±3% 以内

6. 力矩限制器使用安全要求

（1）塔机应安装起重力矩限制器。

（2）力矩限制器数值误差应在实际值的 ±5% 以内。

（3）当起重力矩大于相应工况下的额定值并小于该额定值的110%时，应切断上升和幅度增大方向的电源，但机构可做下降和减小幅度方向的运动。

（4）力矩限制器控制定码变幅的触点或控制定幅变码的触点应分别设置，且能分别调整。

（5）经修复仍不能灵敏可靠地动作的力矩限制器应报废。

（6）对小车变幅的塔机，其最大变幅速度为 40 m/min。在小车向外运行，且起重力矩达到额定值的80%时，变幅速度应自动转换为不大于 40 m/min 的速度运行。

7. 力矩限制器正确使用

为了使力矩限制器能精确地工作，使用时要遵守下列事项。

（1）参照使用说明和相应技术要求，规范地绕挂吊臂升降钢索和卷扬钢索。

（2）根据所使用的吊臂长度、伸臂长度等所定的起重载荷（额定总载荷的最大值），使用相应的钢索绕挂数和吊钩进行作业。

（3）作业前，务必确认力矩限制器的吊臂长度、伸臂长度等，如有异常，重新设定。

（4）在改变前端配件的规格后，务必先设定力矩限制器的吊臂长度、伸臂长度等参数，并进行实际载荷的调零，然后再进行作业。

（5）定期对吊臂基部销轴和悬吊器等部分加注润滑脂。

8. 电子式力矩限制器故障排除（见表4—2）

表4—2　　　　电子式力矩限制器故障排除表

部位	故障	原因	措施
指示灯和仪表	指示灯（红灯、绿灯）不点亮，所有仪表都不动作	没有接通全自动超重防止装置电源开关	接通全自动超重防止装置电源开关
		连接器接触不良或破损	牢固地接好连接器（应预先断开电源）或更换
		断路器动作	与检修服务站取得联系
		没有接通启动开关	接通启动开关
		电源断线	查出断线部位后修理
	只有指示灯（红灯和绿灯）不点亮	灯丝熔断	更换指示灯
		内部电路发生故障	与检修服务站取得联系
	虽然指示灯点亮，但仪表指针指示零位	仪表内部或仪表连接电路断线	与检修服务站取得联系
	断开电源时指示灯（红灯和绿灯）熄灭，但仪表指针不复到零位	仪表发生故障	与检修服务站取得联系
		零位调整不当	重新调整零位
	虽然红灯点亮，但不发生自动停止状态	电源连接器接触不良	牢固地接好连接器
		自动停止电路发生故障	与检修服务站取得联系
	指示灯和仪表都正常动作，但顶端的一节臂杆不能缩回或伸出	顺序控制电路发生故障	与检修服务站取得联系
		臂杆长度检测电路软线被卡住	恢复杆长度检测电路软线的正常状态，使臂杆从末端位置伸到前端位置后，重新开始作业

续表

部位	故障	原因	措施
过卷防止装置	过卷防止装置不能动作（警铃不响，也不发生自动停止状态）	作业状态转换开关被置于"安装副杆"的位置	除了安装副杆以及使副杆复位以外，不应把作业状态转换开关置于"安装副杆"的位置
		过卷防止电路软线漏电	查出漏电部位后加以绝缘
		过卷防止装置开关发生故障	更换过卷防止装置开关
	起重机处于过卷状态，警铃报警，或出现自动停止状态	过卷防止电路断线	更换过卷防止电路软线
		过卷防止电路软线的连接器接触不良	牢固地连接好过卷防止电路软线的连接器
		过卷防止装置开关发生故障	更换过卷防止装置开关
		电源连接器接触不良	牢固地接好电源连接器
		内部布线断线	与检修服务站取得联系
	自动停止装置一直在动作，不能恢复为正常状态	杠杆式开关调整不当	重新调整杠杆式开关
		电磁阀发生故障	与检修服务站取得联系

二、超载限制器

超载限制器又称起重量限制器，其作用是限制塔式起重机的最大起重量，防止过载。起重量限制器有机械式和电子式。

1. 电子式超载限制器装置

该装置是由传感器、运算放大器、控制执行器和载荷指示计等部分组成，将显示、控制和报警功能集于一身。当起重机起吊物品时,传感器发生变形,把载荷转化为电信号,经过运算放大,指示出载荷的数值。当载荷达到额定值的90%时,发出预警信号;当载荷超过额定载荷时,切断起升机构的动力源。塔式起重机可以将超载限制器与力矩限制器配合使用。

2. 机械式超载限制器装置

机械式超载限制器装置分为杠杆式、推杆式、测力环式和弹簧式。

(1)杠杆式超载限制器

如图4—11所示,它主要由杠杆(撞杆)、起升滑轮、弹簧及限位开关等组成。在正常的起重作业中,吊重小于额定起重量,起升钢丝绳的合力 R 对杠杆转轴 O 的力矩小于弹簧力 N 对 O 的力矩,即 $Ra < Nb$,这时撞杆1不动,起重机照常运行。当超载时,即 $Ra > Nb$,弹簧被压缩变形,撞杆向下移动,触动与起升机构线路连锁的限位开关2,使机构断电、停止工作,起到超载限制作用。

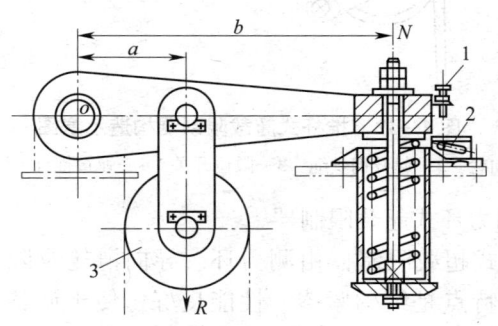

图4—11 直杠杆式超载限制器

1—撞杆　2—开关　3—起升滑轮

(2)推杆式超载限制器

推杆式超载限制器由导向滑轮、弹簧推杆、力臂及限位开关等部件组成,这种限制器一般装在起重臂根部。如图4—12

所示，由于塔式起重机吊重的作用，起升钢丝绳 2 受到拉力，来推动力臂 5，力臂又作用于弹簧推杆 4。当负载达到一定限值时，推杆便压迫限位开关 3 动作，通过限位开关来切断起升回路电源，起到限制超载的作用。

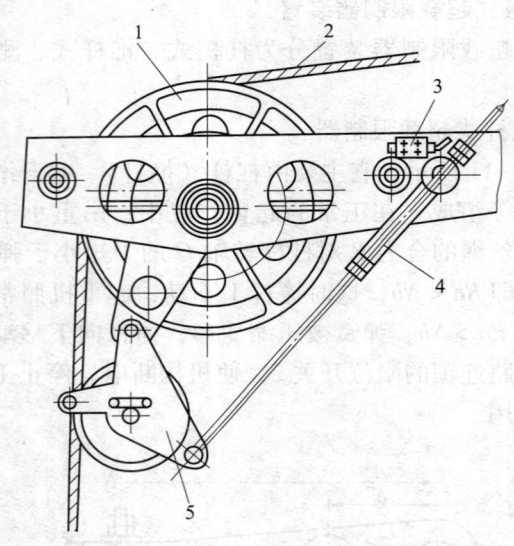

图 4—12　推杆式超载限制器构造示意图
1—导向轮　2—起升钢丝绳　3—限位开关　4—弹簧推杆　5—力臂

（3）测力环式超载限制器

测力环式超载限制器由测力环、导向滑轮及限位开关等部件组成。其特点是结构紧凑、性能良好、便于调整，使用时可根据载荷情况来调节固定在金属板条上的调整螺栓，调整设定动作载荷限值。测力环的一端固定于塔式起重机机构的支座上，另一端则固定在导向滑轮轴上。当塔式起重机吊载重物时，滑轮受到钢丝绳合力作用，并将此力传给测力环，测力环外壳产生弹性变形。测力环内的金属板条与测力环壳体固接，随壳体受力变形而延伸。当载荷超过额定起重量时，测力环内的金属板条压迫限位开关，使限位开关动作，从而切断起升回路电源，达到超载限制的目的，如图4—13所示。

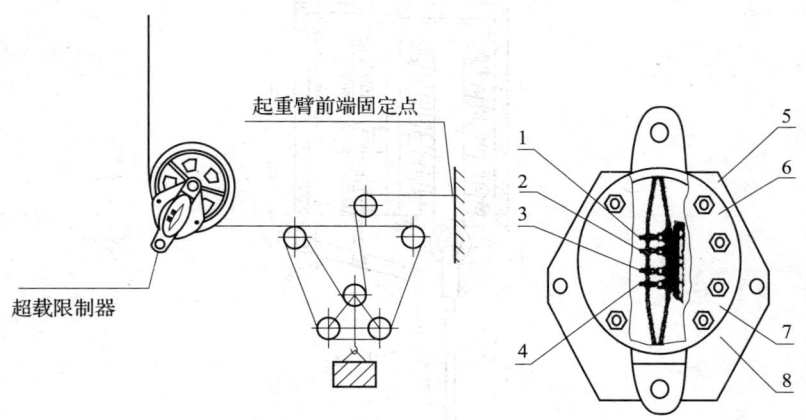

图4—13 测力环式超载限制器示意图
1、2、3、4—载荷限值调整装置　5、6、7、8—微动开关

（4）弹簧式超载限制器

弹簧式超载限制器是一种起重量和起升高度限制器合为一体的限制装置。如图4—14所示，超载时，弹簧13被压缩，触杆4撞开限位开关5，起升结构停车。起升高度即将越过卷扬滑轮时，由于重锤10被吊钩滑轮组抬起，通过链条9和杠杆8，使触杆7撞开限位开关，塔机起升卷扬停止上行，起到限制起升高度的作用。

3. 超载限制器的安全要求

（1）超载限制器的综合误差，机械式不应大于8%，电子式不应大于5%。

（2）载荷达到额定起质量的90%时，应能发出提示报警信号。

（3）起重机械装设超载限制器后，应根据其性能和精度情况进行调整和标定，当载荷超过额定起重量时，能自动切断起升动力源，并发出禁止性报警信号。

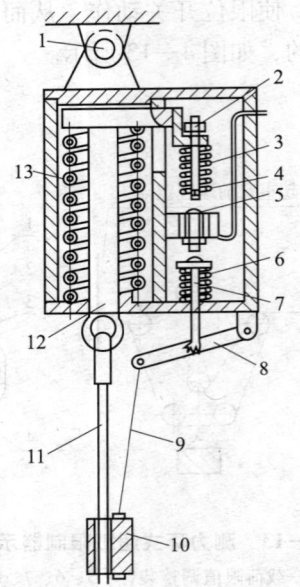

图 4—14 弹簧式超载限制器
1—支铰 2—调节螺母 3、6、13—弹簧 4、7—触杆 5—开关 8—杠杆
9—链条 10—重锤 11—钢丝绳 12—滑杆

(4) 经修复仍不能可靠地动作的超载限制器应报废。

(5) 当起重量大于相应挡位的额定值并小于该额定值的110%时,应切断上升方向的电源,但机构可做下降方向的运动。

(6) 超载限制器的综合误差大于10%时应报废。

三、超载限制器和力矩限制器的区别

塔式起重机上超载限制器和力矩限制器含义不同。

超载限制器一般仅在极限质量时动作。如起重机的起重量是50 t,则最大吊重为50 t,如吊重50 t以上的物体,这个限制器就起作用。

力矩限制器是与吊重和吊点的距离的乘积有关的保护器。它的保护器的安装稍为复杂，主要以吊重的倾覆力矩作为动作信号。

第四节 监控装置

随着塔式起重机的规格越来越大，工作高度不断增高，施工项目越来越复杂，操作人员视线受阻、视线盲区的现象增多，操作司机光靠肉眼观察操作有时显得力不从心，因此，监视控制装置渐渐凸显出其重要性。

监视监控装置主要分为塔机工作性能监控装置和塔机作业空间远程监视控制两大类。

1. 塔机工作性能监控装置

塔机工作性能监控装置是指塔机司机可以通过监控装置准确可靠地判断工作性能安全状态，监控装置及时准确地显示载荷数值和其他技术状态，并自动发出声光报警信息，特别是电子力矩限制器，它能够起到塔机工作力矩监视与限制的功能，该装置是通过感应传输系统传递分析最终显示信息的，如起重量、力矩、幅度、垂直度、风速、电源电压、电动机温度仪表显示器等。塔式起重机监控装置分布如图4—15所示。仪表显示器位于驾驶室内；重量传感器位于臂杆的前后端部；幅度传感器位于小车行走部位；方位传感器位于塔机平衡臂接近塔帽部位；风速传感器位于塔帽端部；高度传感器位于平衡臂接近配重部位。

2. 作业空间监视控制器

作业空间监视控制器是指通过显示装置监视施工现场，即起重吊钩所处位置和塔机之间的安全距离及周围状况。该装置由防碰控制器、角度传感器、幅度传感器、报警显示器组成。作业空间监视控制器基本元件如图4—16所示。

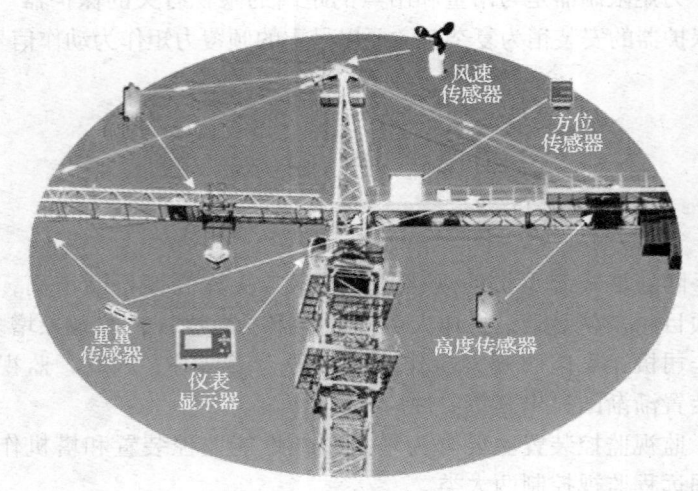

图 4—15　塔式起重机监控装置分布

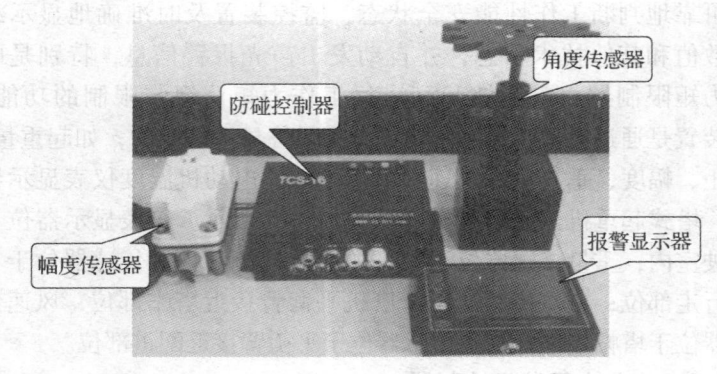

图 4—16　作业空间监视控制器基本元件

根据 GB/T 5031—2008《塔式起重机》规定，塔机应当装置有报警及显示记录装置。作业空间监视控制器是报警及显示记录装置之一，可以有效地对作业空间安全进行监视监控，还可以实现远程控制。在正常工作时，工作空间限制器应根据需要限制塔机进入某些特定的区域或进入该区域后不允许吊载，特别是在风力较大的工作区域。对于群塔（两台以上），该限制器还应限制塔机回转、变幅和整机的运行区域，以防止塔机间结构、起升绳或吊重与塔机发生碰撞。该装置是把无线摄像头安装在吊钩或变幅小车上，监视显示器安装在驾驶室内或施工办公室内，塔式起重机监控仪系统图如图4—17所示。

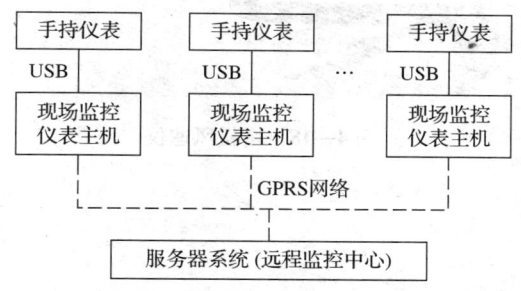

图4—17 塔式起重机监控仪系统图

3. 无线可视监视系统使用注意事项

使用无线可视监视系统要注意以下问题。

（1）无线摄像头安装位置需设置具有较高强度的防撞装置，保护摄像头的安全，防止摄像头被撞。

（2）设置防止摄像头、电池等物件坠落的装置，防止意外坠落砸到人员，发生安全事故。

（3）采取有效措施，防止作业空间监视控制器电缆电线意外损坏。

4. 风速仪

根据 GB/T 5031—2008《塔式起重机》规定，高度超过50 m的塔机应配备风速仪，当风速大于工作允许风速时，应能发出停止作业的警报。风速仪是监视塔机所处工作状态下的风力程度的信息反映,是准确判断塔机是否可以工作、是否需要加固防范的信息来源。其结构如图4—18所示。

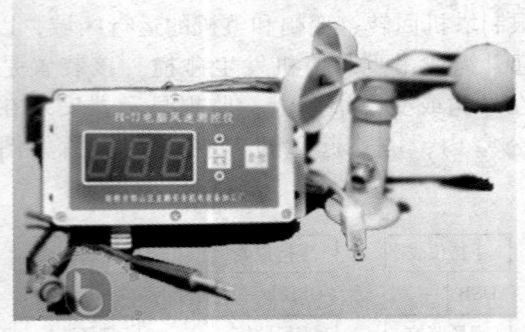

图 4—18　塔机风速仪

第五章
塔式起重机取物装置

将起吊物体与提升机构联系起来，使物体在水平和垂直运行中实现装卸吊运和安装作业的系统装置，称为起重机取物装置。取物装置主要有钢丝绳、吊钩、滑轮及滑轮组、钢丝绳卷筒等。

第一节 钢 丝 绳

钢丝绳是指由优质钢丝经过打轴、捻股、合绳等工序制成的具有承载力矩能力的绳状制品，又称钢索。钢丝绳通常由多根钢丝捻成绳股，再由多股绳股围绕绳芯捻制而成，如图 5—1 所示。钢丝绳具有耐疲劳、耐磨损、耐腐蚀、伸长小、寿命高、运行安全可靠、不松散、受天气变化影响较小的特性。

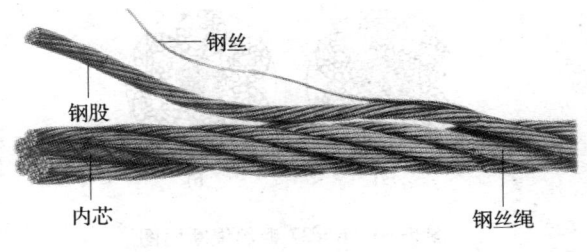

图 5—1 钢丝绳

一、钢丝绳分类

1. 按使用途径划分

钢丝绳的种类较多，依据《一般用途钢丝绳》（GB/T 20118—2006）和《重要用途钢丝绳》（GB 8918—2006）标准，钢丝绳分为一般用途钢丝绳和重要用途钢丝绳两大类。

一般用途钢丝绳用于振动荷载较轻的取物机构上，如塔式起重机的起升和变幅机构、起重司索绳、吊具索具绳、缆风绳、小型结构吊装等。

重要用途钢丝绳用于载荷承受能力大的重要部位上，如桥梁拉索、索道缆绳、大型卷扬机、大型起重机、船舶和海上设施等。

2. 按制作方式划分

（1）按绳和股的断面分类

施工现场常见钢丝绳的断面如图5—2、图5—3所示。

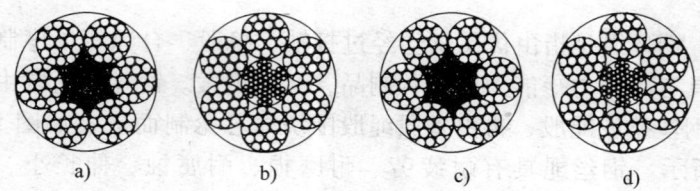

图5—2　6×19钢丝绳断面图

a）6×19+FC　b）6×19S+IWR　c）6×19W+FC　d）6×19W+IWR

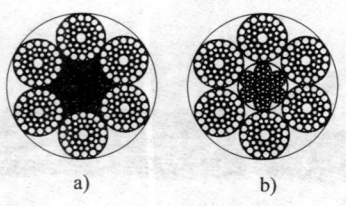

图5—3　6×37钢丝绳断面图

a）6×37S+FC　b）6×37S+IWR

图 5—2a 的 6×19+FC 为 6 股 19 根丝纤维芯钢丝绳；图 5—2b 的 6×19S+IWR 为 6 股 19 根丝西鲁式钢芯钢丝绳；图 5—2c 的 6×19W+FC 为 6 股 19 根丝瓦林吞式纤维芯钢丝绳；图 5—2d 的 6×19W+IWR 为 6 股 19 根丝瓦林吞式钢芯钢丝绳。图 5—3a 的 6×37S+FC 为 6 股 37 根丝西鲁式纤维芯钢丝绳；图 5—3b 的 6×37S+IWR 为 6 股 37 根丝西鲁式钢芯钢丝绳。S 和 W 是钢丝绳结构的一种排列方式。

钢丝绳股数和股外层钢丝绳分类见表 5—1。

表 5—1　　　　　　　　钢丝绳的分类

组别	类别		分类原则	典型结构		直径范围/mm
				钢丝绳	股绳	
1		6×7	6 个圆股。每股外层丝可达 7 根，中心丝（或无）外捻制 1~2 层钢丝，钢丝等捻距	6×7 6×9W	(1+6) (3+3/3)	8~36 14~36
2	圆股钢丝绳	6×19	6 个圆股，每股外层丝 8~12 根，中心丝外捻制 2~3 层钢丝，钢丝等捻距	6×19S 6×19W 6×25Fi 6×26WS 6×31WS	(1+9+9) (1+6+6/6) (1+6+6F+12) (1+5+5/5+10) (1+6+6/6+6+12)	12~36 12~40 12~44 20~40 22~46
3		6×37	8 个圆股，每股外层丝 14~18 根，中心丝外捻制 3~4 层钢丝，钢丝等捻距	6×29Fi 6×36WS 6×37S （点线接触） 6×41WS 6×49SWS 6×55SWS	(1+7+7F+14) (1+7+7/7+14) (1+6+15+15) (1+8+8/8+16) (1+8+8/8+8+16) (1+9+9+9/9+18)	14~44 18~60 20~60 32~65 36~60 36~64
4		8×19	8 个圆股，每股外层丝 8~12 根，中心丝外捻制 2~3 层钢丝，钢丝等捻距	8×19S 8×19W 8×25Fi 8×26SW 8×31SW	(9+9+1) (6/6+6+1) (12+6F+6+1) (10+5/5+5+1) (12+6/6+6+1)	11~44 10~48 18~52 16~48 14~56

续表

组别	类别	分类原则	典型结构 钢丝绳	典型结构 股绳	直径范围 /mm
5	8×37	8个圆股，每股外层丝14~18根，中心丝外捻制3~4层钢丝，钢丝等捻距	8×36WS 8×41WS 8×49SWS 8×55SWS	(1+7+7/7+14) (1+8+8/8+16) (1+8+8+8/8+16) (1+9+9+9/9+18)	22~60 40~56 44~64 44~64
6	18×7	钢丝绳中有17或18个圆股，每股外层丝4~7根，在纤维芯或钢芯外捻制2层股	17×7 18×7	(1+6) (1+6)	12~60 12~60
7	圆股钢丝绳 18×19	钢丝绳中有17或18个圆股，每股外层丝8~12根，钢丝等捻距在纤维芯或钢芯外捻制2层股	18×19W 18×19S	(1+6+6/6) (1+9+9)	24~60 28~60
8	34×7	钢丝绳中有34~36个圆股，每股外层丝7根，在纤维芯或钢芯外捻制3层股	34×7 36×7	(1+6) (1+6)	16~60 20~60
9	35W×7	钢丝绳中有24~40个圆股，每股外层丝4~8根，在纤维芯或钢芯外捻制3层股	35W×7 24W×7	(1+6)	16~60

（2）按钢丝绳的捻法分类

钢丝绳按捻法分为右交互捻（ZS）、左交互捻（SZ）、右同向捻（ZZ）和左同向捻（SS）4种，如图5—4所示。起重机起升机构和变幅机构必须采用交互捻钢丝绳，以防钢丝绳松散和扭转。

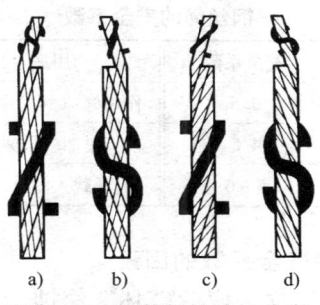

图 5—4 钢丝绳按捻法分类

a）右交互捻 b）左交互捻 c）右同向捻 d）左同向捻

（3）按钢丝绳绳芯分类

钢丝绳按绳芯分为纤维芯和金属芯。纤维芯钢丝绳比较柔软，易弯曲，纤维芯可浸油作润滑、防锈，减少钢丝间的摩擦；金属芯钢丝绳耐高温、耐重压、硬度大、不易弯曲。

（4）按钢丝绳捻绕次数分类

钢丝绳按捻绕次数分为单绕绳和双绕绳。

（5）按钢丝绳接触状态分类

钢丝绳按接触状态分为点接触钢丝绳、线接触钢丝绳和面接触钢丝绳。

（6）按钢丝绳表面状态分类

钢丝绳按表面状态分为光面（无镀层）、镀（涂）层（镀锌层、镀铝层、镀铜层、塑料涂层）。

（7）按钢丝绳中股的数目分类

钢丝绳按股数分为 4 股绳、6 股绳、8 股绳和 18 股绳等。

二、钢丝绳的选用

1．安全系数

钢丝绳在使用中受载荷和受力不均、不确定因素或意外情况、环境因素等多种情况影响，在选择钢丝绳时必须预留储备能力，也就是安全系数，确定钢丝绳的安全系数可以参见表 5—2。

表5—2　　　　　　　钢丝绳的安全系数

用途	安全系数	用途	安全系数
作缆绳	3.5	作吊索（无弯曲时）	6~7
用于手动起重设备	4.5	作捆绑吊索	8~10
用于机动起重设备	5~6	用于载人的升降机	14

2. 影响钢丝绳安全系数的因素

（1）钢丝绳的磨损、疲劳破坏、锈蚀、不恰当使用、尺寸误差、制造质量缺陷等不利因素带来的影响。

（2）钢丝绳的固有强度达不到钢丝绳本身的强度。

（3）由于惯性及加速的作用（如启动、制动、振动等）而造成的附加荷载的作用。

（4）钢丝绳通过滑轮槽时的摩擦阻力作用。

（5）吊装时载物、吊索及吊具的超载影响。

（6）钢丝绳在绳槽中反复弯曲而造成的危害的影响。

（7）钢丝绳在卷筒中出现啃绳、咬绳、爬绳现象的影响。

3. 钢丝绳的存储

（1）运输过程中，应注意不要损坏钢丝绳表面。

（2）储存于干燥而有木地板或沥青、混凝土地面的仓库里，以免腐蚀。

（3）在堆放时，成卷的钢丝绳应竖立放置（即卷轴与地面平行），不得平放。

（4）必须在露天存放时，地面上应垫方木，并用防水毡布覆盖。

三、钢丝绳的安装

1. 钢丝绳的解卷

（1）解卷展绳时应将绳盘放在专用支架上，也可用一根钢管穿入绳盘孔，两端套上绳索吊起，将绳盘缓缓转动，如图5—5所示。

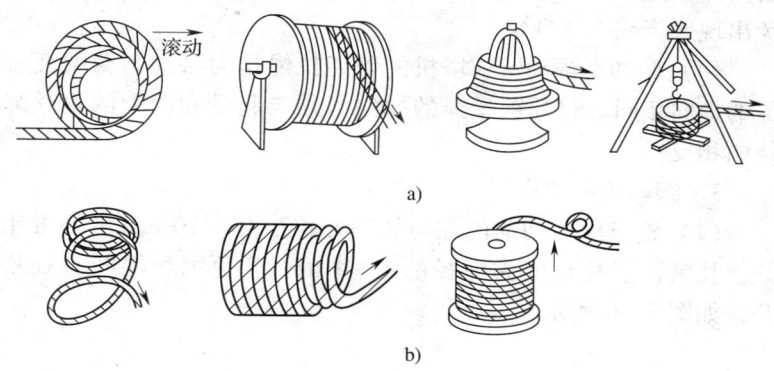

图 5—5 钢丝绳的解卷
a) 正确的解卷方法 b) 错误的解卷方法

（2）在整卷钢丝绳中引出一个绳头并拉出一部分重新盘绕成卷时，松绳的引出方向和重新盘绕成卷的绕行方向应保持一致，不得随意抽取，以免形成圈套和死结。

（3）钢丝绳在解卷或重新缠绕过程中，应避免与污泥接触，以防止生锈。

（4）钢丝绳在解卷展绳时，应避免与焊接电缆碰触，保持与明火足够的安全距离，以防引燃钢丝绳表明的油层。

2．钢丝绳的穿绕

（1）钢丝绳的使用寿命长短，在很大程度上取决于穿绕方式是否正确。因此，要由训练有素的技工细心地穿绕，并应在穿绕时将钢丝绳涂满润滑脂。

（2）当由钢丝绳卷直接往起升机构卷筒上缠绕时，应把整卷钢丝绳架在专用的支架上，松卷时的旋转方向应与起升机构卷筒上绕绳的方向一致；卷筒上绳槽的走向应与钢丝绳的捻向相适应。

（3）钢丝绳在卷筒上的缠绕方向必须根据钢丝绳的捻向，

右捻绳从左到右，左捻绳从右到左排列，缠绕应排列整齐，避免出现偏绕或夹绕现象。

（4）俯仰变幅动臂式塔机的臂架拉绳捻向必须与臂架变幅绳的捻向相同。起升钢丝绳的捻向必须与起升卷筒上的钢丝绳绕向相反。

3. 钢丝绳的剪切

（1）钢丝绳剪切前应在与切割处相距 10～20 mm 的地方用铁丝扎紧，捆扎长度为绳径的 1～4 倍，避免钢丝绳断头处松开，如图 5—6 所示。

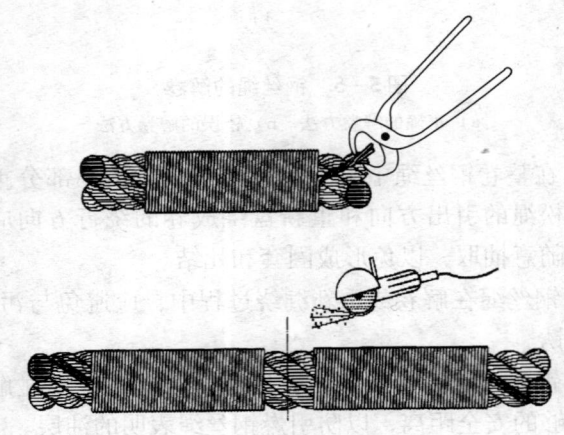

图 5—6　钢丝绳的扎结与截断

（2）在截断钢丝绳时，应使用专用刀具或砂轮将其截断，避免使用气焊切割，以防钢丝绳上的润滑脂燃烧而损坏钢丝绳。

（3）钢丝绳的缠扎宽度随钢丝绳直径的大小而定，直径为 15～24 mm 时，缠扎宽度应不小于 25 mm；直径为 25～30 mm 时，缠扎宽度应不小于 40 mm；直径为 31～44 mm 时，其缠扎宽度不得小于 50 mm；直径为 45～51 mm 时，缠扎长度不得小于 75mm。缠扎处与截断口之间的距离应不小于 50 mm。

四、钢丝绳的固定

1. 钢丝绳固定类型

钢丝绳绳端固定连接方法一般分为 4 种,即编结连接法、楔形套固定法、灌铅法、绳卡固定法,如图 5—7 所示。

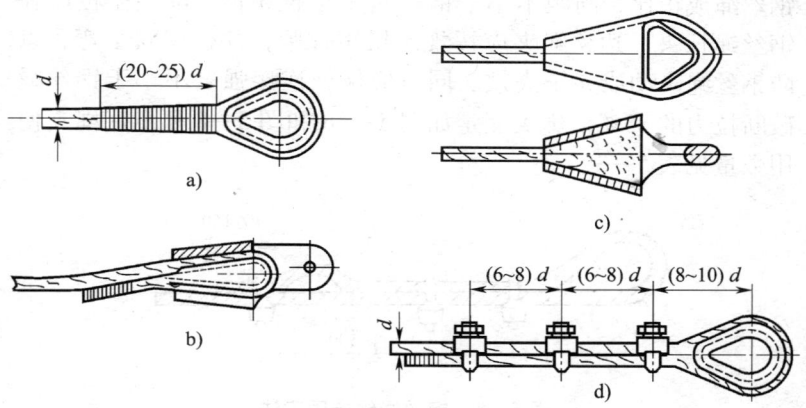

图 5—7　钢丝绳绳端固定方法
a）编结连接法　b）楔形套固定法　c）灌铅法　d）绳卡固定法

2. 钢丝绳固定要求

（1）编结连接法

编结长度不应大于钢丝绳直径的 15 倍,且不应小于 300 mm,连接强度不得小于钢丝绳破断拉力的 75%,如图 5—7a 所示。

（2）楔形套固定法

楔套应用钢材制造,钢丝绳一端绕过楔块,利用楔块在套筒内的锁紧作用使钢丝绳固定。固定处的强度约为绳自身强度的 75%~85%。连接强度不小于钢丝绳破断拉力的 75%,如图 5—7b 所示。

（3）灌铅法

先将钢丝绳需连接处拆散，切去绳芯后插入锥形套内，再将钢丝绳末端弯成钩状，浇入金属铅液凝固而成。连接强度应达到钢丝绳的破断拉力的85%，如图5—7c所示。

（4）绳夹固定法

将钢丝绳的末端使用钢丝绳夹拧紧，绳夹的数量与间距和钢丝绳成正比，间距不小于钢丝绳直径的6倍，绳夹压板应在钢丝绳长头一边，绳夹应按规定扭矩拧紧，并预留安全弯，以防钢丝绳窜动或夹子失效。同时应保证连接强度不小于钢丝绳破断拉力的85%。绳夹固定如图5—7d和图5—8所示。绳夹使用数量见表5—3。

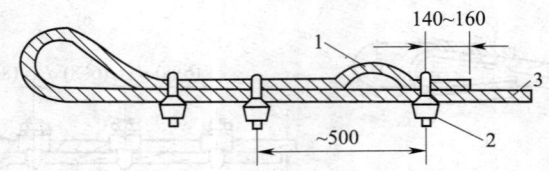

图5—8　钢丝绳绳卡固定法
1—安全弯　2—安全绳夹　3—主绳

表5—3　　　　　　　钢丝绳夹数量

绳夹规格 （钢丝绳直径）/mm	≤18	18~26	26~36	36~44	44~60
绳夹最少数量/个	3	4	5	6	7

五、钢丝绳使用基本要求

1. 钢丝绳使用注意事项

钢丝绳受力较复杂，除拉伸外，当钢丝绳绕过滑轮和绕入卷筒时，在钢丝中还产生弯曲应力和接触应力，外层钢丝应力最大，疲劳破坏由外层钢丝开始。因此，应注意以下注意事项。

（1）尽可能选用较大的卷筒和滑轮直径（D），如$D \geqslant 35d$

（d为钢丝绳直径），以保持钢丝绳正常的使用期。

（2）单层缠绕的卷筒应切出螺旋槽，螺旋槽和滑轮槽的半径r应与钢丝绳直径d相适应，r太大会使钢丝绳与槽底接触面积太小，r太小有将钢丝绳卡紧的可能。因此，应选择适宜的螺旋槽和滑轮槽的半径。

（3）卷筒和滑轮的材料硬度对钢丝绳寿命有影响，相比之下，采用铸铁较铸钢有利。在槽底镶铝合金或尼龙衬垫，可降低钢丝绳的接触应力，提高钢丝绳的使用寿命。

（4）应当尽量减少钢丝绳的弯曲次数，即不要使钢丝绳通过太多的滑轮。同时，要避免反向弯曲，因为反向弯曲的破坏作用为同向弯曲的2倍。

（5）为提高钢丝绳的使用寿命，应尽量选用线接触钢丝绳，不宜选用点接触钢丝绳。

（6）选用钢丝绳的强度不宜过高，一般不应超过$1\ 700\ N/mm^2$。

（7）钢丝绳在卷筒上，应能按顺序整齐排列，不得出现爬绳或啃绳现象。

（8）载荷由多根钢丝绳支撑时，应设有使每根钢丝绳均衡受力的装置。

（9）起升机构和变幅机构，不得使用编结接长的钢丝绳。使用其他方法接长钢丝绳时，必须保证接头连接强度不小于钢丝绳破断拉力的90%。

（10）起升高度较大的起重机，宜采用不旋转、无松散倾向的钢丝绳。采用其他钢丝绳时，应有防止钢丝绳和吊具旋转的装置或措施。

（11）当吊钩处于工作位置最低点时，钢丝绳在卷筒上缠绕圈数，除固定绳尾的圈数外，不得少于3圈。

（12）吊运熔化或炽热金属的钢丝绳，应采用石棉芯等耐高温的钢丝绳。

（13）钢丝绳开卷解绳时，应防止打结或扭曲；安装钢丝绳时，应在洁净地面开卷放绳，不应绕在其他物体上，防止划、磨、碾压和过度弯曲。

（14）不得超负荷使用钢丝绳，应在允许的负荷下作业；应避免和物体的尖棱锐角直接接触；在使用中应避免扭结。

2. 钢丝绳的使用选择

根据起重吊装作业的实际需要，一般情况下，对钢丝绳的选用可考虑以下因素。

（1）6×19 钢丝绳用于缆风绳、拉索及制作起重吊索索具，一般用于受弯曲荷载较小或易磨损的地方。

（2）6×37 钢丝绳用于起重作业中捆扎各种物件及穿绕滑轮组，制作起重用吊索索具及绳索受弯曲时采用。

（3）6×61 钢丝绳用于绑扎各类物件，绳索刚性较小，易于弯曲，用于受力不大的地方。

3. 钢丝绳维护保养

（1）对日常使用的钢丝绳每天都应进行检查，包括端部的固定连接处、平衡滑轮处以及钢丝绳荷载部位，并确认钢丝绳的安全性。

（2）钢丝绳应保持良好的润滑状态，所用的润滑剂应符合该绳的使用要求，并且不影响外观检查，润滑时应注意避免将润滑剂漏到平衡滑轮处的钢丝绳上。

（3）使用中的钢丝绳每月至少润滑一次，润滑剂不宜采用润滑脂，最好使用钢丝绳专用油，也可用中等黏度的机油或齿轮油。

（4）润滑钢丝绳时，应使用钢丝刷将钢丝绳上的污物除去，并采用煤油清洗后进行润滑。

（5）钢丝绳润滑的方法有刷涂法和浸涂法。刷涂法就是人工使用专用的刷子，把加热的润滑脂涂刷在钢丝绳的表面上。浸涂法就是将润滑脂加热到 80℃ 以上，然后使钢丝绳通过一组导辊装置被张紧，同时使之缓慢地从熔融润滑脂的容器中通过。

4. 钢丝绳的检查

由于起重钢丝绳在使用过程中经常受到拉伸、弯曲的影响，且次数超过一定数值后，会使钢丝绳出现"金属疲劳"现象，为了保证钢丝绳使用期间的安全可靠性，必须按规定定期进行安全性能检查，及早发现问题，及时保养或更换报废，钢丝绳的检查包括外部检查与内部检查两部分。

（1）钢丝绳外部检查

1）直径检查。直径是钢丝绳极其重要的参数。通过对直径的测量，可以反映出该钢丝绳磨损变化速度、冲击荷载变化程度、捻制时股绳张力是否均匀一致、绳芯对股绳是否保持了足够的支撑能力。钢丝绳直径应用带有宽钳口的游标尺测量。其钳口的宽度要足以跨越相邻的两股。

2）磨损检查。钢丝绳在使用过程中产生磨损现象是不可避免的。通过对钢丝绳的磨损检查，可以确定钢丝绳与匹配轮槽的接触状况，在无法随时进行性能试验的情况下，根据钢丝绳磨损程度的大小推测钢丝绳实际的承载能力。钢丝绳的磨损情况主要靠目测。

3）断丝检查。钢丝绳在投入使用后会出现断丝现象，尤其是到使用后期，断丝发展速度迅速上升。钢丝绳在使用过程中不可能一旦出现断丝现象便立即停止运行，因此，通过断丝检查，尤其是对一个捻距内断丝情况的检查，不仅可以推测钢丝绳继续承载的能力，而且根据出现断丝根数的发展速度，可以间接预测钢丝绳的使用疲劳寿命。钢丝绳的断丝情况检查主要靠目测计数。

4）润滑检查。通常情况下，新出厂的钢丝绳大部分在生产时已经进行了润滑处理，但在使用过程中，润滑脂会流失减少。鉴于润滑不仅能够对钢丝绳在运输和存储期间起到防腐保护作用，而且能够减少钢丝绳使用过程中钢丝之间、股绳之间和钢丝绳与匹配轮槽之间的摩擦，对延长钢丝绳使用寿命十分有益，因此，为把腐蚀、摩擦对钢丝绳的危害降低到最低程度，进行润滑检查十分必要。钢丝绳的润滑情况检查主要靠目测。

（2）钢丝绳内部检查

对钢丝绳进行内部检查比进行外部检查困难得多，由于内部损坏（主要由锈蚀和疲劳引起的断丝）隐蔽性更大，因此，为保证钢丝绳安全使用，必须在适当的部位进行内部检查。

如图5—9所示，检查时将两个尺寸合适的夹钳相隔100～200 mm夹在钢丝绳上反方向转动，股绳便会脱起。操作时，必须十分仔细，以避免股绳被过度移位造成永久变形（导致钢丝绳结构破坏）。

如图5—10所示，小缝隙出现后，用螺钉旋具之类的探针拨动股绳并把妨碍视线的油脂或其他异物拨开，对内部润滑、钢丝锈蚀、钢丝及钢丝间相互运动产生的磨痕等情况进行仔细检查。检查断丝一定要认真，因为钢丝断头一般不会翘起，不容易被发现。检查完毕后，稍用力转回夹钳，以使股绳完全恢复到原来的位置。如果上述过程操作正确，钢丝绳不会变形。对靠近绳端的绳段，特别是对固定的钢丝绳应更加注意，如支持绳或悬挂绳。

图5—9　内部检验（张力为零）

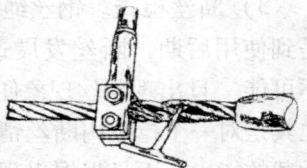

图5—10　检查靠近绳端夹具的钢丝绳

六、钢丝绳的报废

根据GB/T 5972—2009《起重机　钢丝绳　保养、维护、安装、检验和报废》的规定，钢丝绳报废标准中有20种缺陷状态及报废情况，钢丝绳的缺陷状态及报废情况见表5—4。

表 5—4　　　钢丝绳缺陷状态及报废情况

缺陷状态示意图	状态说明	应采取措施
	交互捻钢丝绳两相邻绳股中的断丝及钢丝的位移	应报废
	交互捻钢丝绳大量断丝伴随着严重的磨损	应报废
	靠近平衡滑轮的局部绳段，在两支绳股上有断丝，同时出现因滑轮卡住而引起的局部严重磨损	应报废
	多股绳的笼状（鸟笼形）畸变	应立即报废
	顺捻钢丝绳直径局部增大。常由冲击载荷导致的钢芯畸变而引起	应立即报废
	钢丝绳直径的局部增大。由于纤维绳芯呈退化状态在外层股间突出而引起	应报废

续表

缺陷状态示意图	状态说明	应采取措施
	钢丝绳在安装时已遭到扭结但仍装上使用，以致产生局部磨损及钢丝松弛	应报废
	绳径局部减小。由于外层绳股取代了已经散开的纤维绳芯并出现断丝	应报废
	部分被压扁。由于局部被压缩造成绳股间不平衡及断丝而引起	应报废
	多股绳的部分被压扁，由于卷筒上的卷绕不当造成。外层绳股的捻距增加，在载荷状态下，应力处于不平衡状态	应报废
	钢丝绳变形并局部磨损，加上断丝较多	应立即报废

续表

缺陷状态示意图	状态说明	应采取措施
	外层钢丝绳严重断丝，磨损严重，钢丝绳松弛，笼状畸变正在形成	应报废
	钢丝绳严重弯折	应报废
	严重扭结，标志着钢丝绳搓捻过紧，引起纤维绳芯突出	应报废

第二节 吊 钩

一、吊钩的基本概念

吊钩是起重机重要的取物构件，通过起升机构的卷绕系统将被吊物料与起重机联系起来。吊钩在起重作业中，受到频繁冲击载荷的作用，一旦断裂，可导致重物坠落，将造成重大的物质损失或人身伤亡事故。因此，在使用中必须保证吊钩安全可靠。

二、吊钩的材料与分类

吊钩的材料要求具有较高的强度和塑韧性，没有突然断裂的危险。但强度高的材料通常对裂纹和缺陷很敏感，强度越高，突然断裂的可能性越大。

吊钩按制造方法可分为锻造吊钩和片式吊钩，形状有单钩和双钩两种。锻造吊钩为整体锻造，成本低，制造使用都很方便，使用量最大。

锻造吊钩的材料采用优质低碳镇静钢或低碳合金钢，如20、16Mn、20MnSi、36MnSi 钢等。

片式吊钩通常采用厚度不大于 20 mm 的 Q235、20 或 16Mn 的钢板多层叠片铆接而成。因为吊钩板片不可能同时断裂，有更大的安全性，个别板片损坏可以更换，一般用于大吨位或强烈灼热场所。

三、吊钩的危险断面

吊钩的危险断面有3个，如图5—11所示，分别为水平断面 $A—A$、垂直断面 $B—B$、钩柄螺纹根部断面 $C—C$。按曲梁理论对吊钩的受载状况进行受力分析，水平断面 $A—A$ 受到的弯曲和拉伸组合应力最大；$B—B$ 断面虽然受力不是最大，却是吊钩强烈磨损的部位，随着断面面积减小，承载能力下降；螺纹根部 $C—C$ 断面应力集中，容易受到腐蚀，在缺陷处断裂。这三处危险断面是安全检查的重点。

四、吊钩的安全检查

包括安装使用前的检查和在用吊钩的检查。

1. 安装前检查

吊钩应有制造厂的检验合格证明。在吊钩低应力区有额定起重量和检验合格的打印标记。否则，要对吊钩进行材料化学

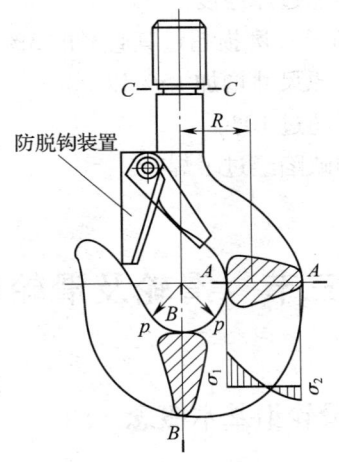

图 5—11　吊钩危险断面示意图

成分检验和必要的力学性能试验（拉伸试验、冲击试验），测量吊钩的原始开口度尺寸。吊钩标记的额定起重量要与起重机的额定起重量一致。

2．表面检查

通过目测、触摸检查吊钩的表面状况，吊钩表面应该光洁、无毛刺，不得有裂纹、折叠、超磨损等缺陷，防脱钩装置应可靠。

3．内部缺陷检查

吊钩不得有内部裂纹、白点和影响使用安全的任何夹杂物等缺陷，通过探伤检查。

五、吊钩的报废

吊钩出现了下述情况之一时，应报废。
（1）表面有裂纹、破口。
（2）危险断面或吊钩颈部产生塑性变形。
（3）挂绳处断面磨损超过高度的 10%。

(4) 衬套磨损超过原厚度的 50%。
(5) 心轴（销子）磨损超过其直径的 3%~5%。
(6) 开口度比原尺寸增加 15% 以上。
(7) 扭转变形超过 10°。
(8) 吊钩上的缺陷经过了焊补。

第三节　滑轮及滑轮组

一、滑轮和滑轮组基本概念

滑轮和滑轮组是塔机起重吊装、搬运作业中较常用的起重工具。在起重作业中，滑轮与卷扬机配合使用可起吊和搬运较重的物体。滑轮一般由吊钩、链环、滑轮、轴、轴套和夹板等组成。定滑轮和动滑轮的组合又可称为滑轮组。

根据滑轮的数量，吊钩滑轮组可分为单滑轮吊钩组和多滑轮吊钩组。前者主要用于轻型塔机（下回转动臂式快装塔机和小车变幅水平臂塔机），后者主要用于大、中型塔机。

采用多滑轮组运行特点如下。

(1) 便于增大倍率，降低起升钢丝绳的内力，可换用直径较小的钢丝绳。

(2) 通过增大倍率，可在不加大起升电动机功率的条件下提高起重量。

(3) 通过变换倍率，可得到多种起升速度，有助于提高塔机的生产效率。

(4) 通过采用双小车变换倍率系统，有利于改变臂架负荷条件，提高臂架承载能力。

(5) 通过增大并列滑轮之间的间距，有助于减少钢丝绳扭转现象。

倍率是指钢丝绳的绕法,分为2倍率和4倍率。2倍率起重量小但速度快;4倍率起重量大但速度慢,与2倍率相比多了一个动滑轮。

二、滑轮和滑轮组的种类

(1)按滑轮用途一般分为定滑轮、动滑轮、滑轮组、导向滑轮、平衡滑轮组等,如图5—12所示。

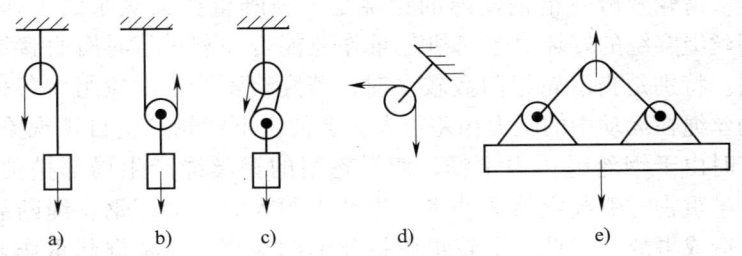

图5—12 滑轮的分类

a)定滑轮 b)动滑轮 c)滑轮组 d)导向滑轮 e)平衡滑轮组

(2)按滑轮的数量可分为单门(一个滑轮)、双门(两个滑轮)和多门等几种。

(3)按连接件的结构形式可分为吊钩型、链环型、吊环型、吊梁型四种。

(4)按滑轮使用方式可分为定滑轮和动滑轮两种。

(5)按滑轮的夹板形式可分为开口滑轮和闭口滑轮两种。开口滑轮的夹板可以打开,便于装入绳索,一般都是单门,常用在拔杆脚等处起导向作用。

三、滑轮和滑轮组的作用

在滑轮组中,有动滑轮和定滑轮之分,定滑轮在起重作业中起保持重物的平衡、支持承重钢丝绳的升降和改变绳索拉力方向的作用，不起省力作用。动滑轮在起重作业中一般只起省力和承重作用，它在使用中是随着重物移动而移动的，它能省力，但不能改变力的方向。导向滑轮根据起重作业的需要，能改变钢丝绳的受力方向或改变被牵引物的运动方向。一个单轮动滑轮能够节省一半的起升拉力，那么，动滑轮门数越多，起升钢丝绳的牵引力越小。

四、滑轮及滑轮组的穿法

滑轮及滑轮组钢丝绳的穿绕是一项既重要又复杂的工作，钢丝绳穿绕的好坏对于塔机起重作业能否顺利进行具有直接影响。特别是当滑轮组门数较多时，若穿绕不当，滑轮组中各根钢丝绳在运动中的阻力相差很大，会使上下滑轮产生自锁现象。有时由于钢丝绳传力不畅，使滑轮组的钢丝绳产生局部松弛，起吊重物时引起突然的冲击。当冲击很大时，会使钢丝绳断裂而造成事故。因此，滑轮组中钢丝绳的穿绕，应根据起重作业的具体情况，采用合适的穿绕方法。

滑轮组钢丝绳的穿法基本方法有顺穿法和花穿法两种。

1. 顺穿法

顺穿法又称为普通穿法，是一种比较简单的穿绕方法。根据现场拥有的卷扬机台数，可以采用单跑头顺穿法和双跑头顺穿法。

（1）单跑头顺穿法

该穿法是将钢丝绳的一个头从边上第一个定滑轮开始，按顺序逐个绕过定滑轮和动滑轮，绕弯后的绳头固定在末端定滑轮的架子上。穿绕后的情况如图 5—13 所示。

（2）双跑头顺穿法

双跑头顺穿法是指滑轮组同时有两根跑绳，使用两台卷扬机进行工作。双跑头顺穿法的优点是：滑轮的两边同时受力，工作时不会像单跑头顺穿法那样由于阻力而使滑轮歪斜。采用

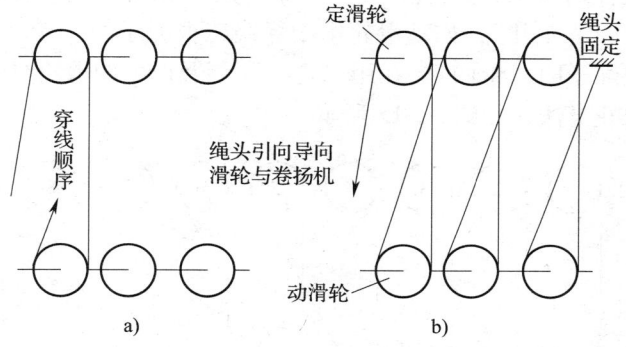

图 5—13 单跑头顺穿法

双跑头顺穿法时,使用的定滑轮的门数一般为奇数,它比动滑轮的门数多一门,在进行穿绕时,从定滑轮中间的一个滑轮开始,两个绳头同时从中间向两边按顺序穿绕,如图 5—14 所示。采用此种方法,要求所使用的两台卷扬机的卷扬速度要一致,这样才能使定滑轮中间的一只滑轮不转动,滑轮的两边受力相等。

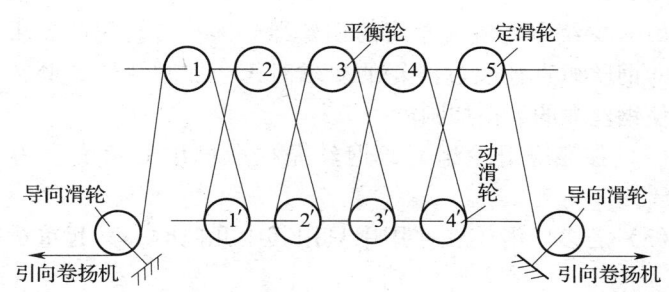

图 5—14 双跑头顺穿法

2. 花穿法

花穿法是指钢丝绳的跑头从中间滑轮引出,形成与滑轮之间"隔花"的状况。采取这种穿法,两侧钢丝绳的拉力相差较小,能克服普通穿法的缺点。滑轮组中动滑轮组穿绕绳子的根数，习惯上叫"走几"，如动滑轮组中穿绕三根绳子叫"走三"，穿绕四根绳子叫"走四"。在用"走三"制及以上的滑轮组时，最好采取花穿法，如图5—15所示。

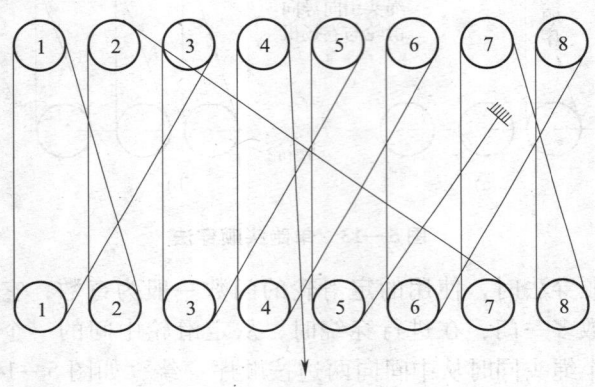

图5—15　花穿法

五、滑轮及滑轮组使用安全要求

（1）穿绕滑轮或滑轮组的钢丝绳必须符合滑轮的要求。当选用的钢丝绳直径超过滑轮的要求时，会加剧滑轮的磨损，同时也使钢丝绳的磨损加剧。

（2）在穿绕滑轮组时，钢丝绳在滑槽中的角度不得超过$4°\sim 6°$。

（3）若多门滑轮在使用中只用其中几门时，其起重量应相应折减。

（4）滑轮组绳索穿好后，一定要慢慢加力，绳索收紧后应检查各部分是否良好，并详细检查各部分有无卡绳现象。

（5）滑轮在拉紧后，滑轮组两车轮的中心应保持一定的距离。

（6）滑轮不得超载使用。当滑轮有裂纹或缺陷时，不得投入使用。

（7）滑轮使用前应查明标识的允许荷载，检查滑轮的轮槽、轮轴、夹板、吊钩等有无裂缝和损伤，滑轮转动是否灵活。

（8）滑轮在使用前、后应将滑轮上的脏物洗干净，轮轴要加油润滑，放在干燥的地方，防止磨损和锈蚀。

六、滑轮的报废

滑轮出现下列情况之一的，应予以报废：
（1）裂纹或轮缘破损。
（2）滑轮绳槽壁厚磨损量达原壁厚的20%。
（3）滑轮底槽的磨损量超过相应钢丝绳直径的25%。

第四节　钢丝绳卷筒

钢丝绳卷筒是用来卷绕钢丝绳的，塔式起重机的起升机构、变幅机构依靠电动机带动卷筒旋转卷绕钢丝绳实现吊钩上下和变幅小车向前、向后运行。

一、钢丝绳卷筒机构及种类

1. 卷筒机构

卷筒机构（又称卷扬机构）是由电动机、卷扬机、筒体、连接盘、轴、限位开关以及轴承支架等构成的。

2. 卷筒的种类

（1）按筒体形状可分为长轴卷筒和短轴卷筒。
（2）按制造方式可分为铸造卷筒和焊接卷筒。
（3）按卷筒的筒体表面是否有绳槽可分为光面和螺旋槽面卷筒。

(4)按钢丝绳在卷筒上卷绕的层数可分为单层缠绕卷筒和多层缠绕卷筒。

二、钢丝绳卷筒的安全使用要求

(1)卷筒表面应光滑以防止钢丝绳的不正常磨损。

(2)卷筒两侧边缘超过最外层钢丝绳的高度不应小于钢丝绳直径的2倍。

(3)钢丝绳在卷筒上的固定应安全可靠,钢丝绳端部的固接强度不应小于钢丝绳破断拉力的85%。

(4)卷筒上钢丝绳尾端的固定装置应有防松或自紧的性能。对钢丝绳尾端的固定情况,应每月检查一次。

(5)在塔机工作时,承载钢丝绳的实际直径不应小于6 mm。

(6)钢丝绳在放出最大工作长度后,卷筒上的钢丝绳至少应保留3圈。

(7)卷筒应设置防止钢丝绳跳出轮槽的装置。

(8)卷筒出现下述情况之一时应报废:

1)裂纹或破损。

2)卷筒壁磨损量达原壁厚的10%。

3)卷筒中其他损害钢丝绳的缺陷。

第六章
塔式起重机基础与附着装置

　　塔式起重机的基础和附着装置是塔机抗倾覆能力的关键,是塔机安全使用的保证,因此,塔机基础与附着装置是塔机安装与运行过程中不可忽视的重要方面。

第一节　塔式起重机基础

　　塔机基础是塔机的根本,实践证明,不少重大安全事故都是由于塔机基础存在问题而引起的,它是影响塔机整体稳定性的一个重要因素。根据塔式起重机的类型,塔式起重机基础可分为固定式塔机基础、轨道式塔机基础和拼装式塔机基础。

一、固定式塔机基础

　　固定式塔机的基础应按国家现行标准和使用说明书所规定的要求进行设计和施工,施工单位应根据地质勘察报告确认施工现场的地基承载能力。

1. 塔机基础定位

　　塔机基础要根据施工总平面图和工程图准确合理定位,绘制塔机位置平面图和立面图,在考虑安全使用的同时,既要做到方便安装,又要做到可顺利拆卸,并满足以下条件。

　　(1) 塔机基础定位时,要综合考虑塔式起重机附墙装置和施工吊装位置。塔机安装场地范围内不得有障碍物,在拆除塔机时也不得有障碍物。塔吊混凝土基础底下不能有涵管、防空洞等。

（2）邻近多台塔机同时作业，塔机定位先要保证安全，测量和计算相邻塔机的安全距离，在水平和垂直方向都要保证不少于 2 m 的安全距离，相邻塔机的塔身和大臂不能发生干涉。

（3）处于高位塔机的最低位置的部件（吊钩升至最高点或平衡重的最低部位）与低位塔机中处于最高位置的部件之间的垂直距离不少于 2 m。

（4）塔机基础定位在满足施工范围需要时，尽量远离建筑物，使塔机基础立面埋在原土层（地质报告确定有足够基础地耐力的）中，以保证基础承载力达到塔机基础载荷。

（5）要考虑基坑开挖对塔机基础的影响，将塔机基础向地下深移，使塔机基础上平面与建筑物基础下平面在同一平面上，塔机整体高度虽降低 2 m，但还能保证施工高度要求，这就避免基坑开挖使塔机基础裸露，也就不会降低基础的承载力。

2. 地基承载力

地基承受塔机基础传来的载荷主要有三个方面：一是垂直载荷，塔机作用在基础顶面上的垂直力和基础的重力；二是塔机作用在基础顶面上的水平力；三是塔机作用在基础顶面上的弯矩。

当按塔机制造厂提供的基础施工图施工时，必须确认制造厂所要求的地基承载力是否能满足要求。

地基承载力由实地勘探和基础处理情况确定，按《塔式起重机设计规范》要求，一般取 0.2~0.3 MPa。

3. 塔机混凝土基础设计

塔机基础设计应能够保证塔机所承受的总载荷（包括风载荷、吊载和惯性力）并保证塔机的垂直度。塔机安装后的垂直度（自由高度）应小于 4‰，塔机基础上平面的水平度应小于等于 3 mm。

塔机混凝土基础设计，应依照《塔式起重机设计规范》（GB/T 13752—1992）、《塔式起重机混凝土基础工程技术规程》（JGJ/T 187—2009）和《建筑地基基础设计规范》（GB 50007—2002）的规范要求。

塔机基础设计必须以制造厂提供的工作状态和非工作状态下作业于基础的各种载荷为依据。

（1）塔机基础的设计要求

1）塔机的稳定性。塔机的稳定性是指在各种工况下塔机所产生的各种载荷需达到平衡条件，保持整机的稳定而不致倾覆的特性，并具有一定的安全系数，它是保证塔机安全使用的重要因素之一。它用稳定性系数 $M_稳/M_倾$ 来表示，$M_稳$ 为塔机的自重、基础重和平衡重所产生的保持塔机稳定作用的力矩（N·m），$M_倾$ 为起着倾覆塔机作用的外力产生的力矩（N·m）。稳定性系数随着工况的变化而变化，稳定性系数越大表示塔机的稳定性越好。

2）基础的强度要求。塔机基础内部的结构应具有足够的强度，即能够承受塔机各种工况下作用于基础上的垂直力、水平力及倾覆力矩。设计塔机基础时，需要验算地脚螺栓和埋入基础内预埋铁件的强度及在基础内的锚固力等。

3）地基均匀沉降要求。塔机基础在长时间的使用过程中所受的载荷一直在不断变化，如果地基沉降不均匀可致使塔机垂直度偏差增大，从而影响塔机的稳定性，因此，设计时应根据实地勘探和基础处理的情况确定基础的沉降均匀度，满足塔机在各种不利工况下受力均匀，保持整体稳定而不致倾覆。

（2）混凝土基础抗倾覆稳定性计算

塔机的抗倾覆稳定性由塔机的自重和压重起保证作用，塔机混凝土基础的受力情况应能够承受塔机总载荷并保证塔机的垂直度，因此，塔机混凝土基础受力情况应进行验算以满足抗倾覆稳定性要求，如图6—1所示。

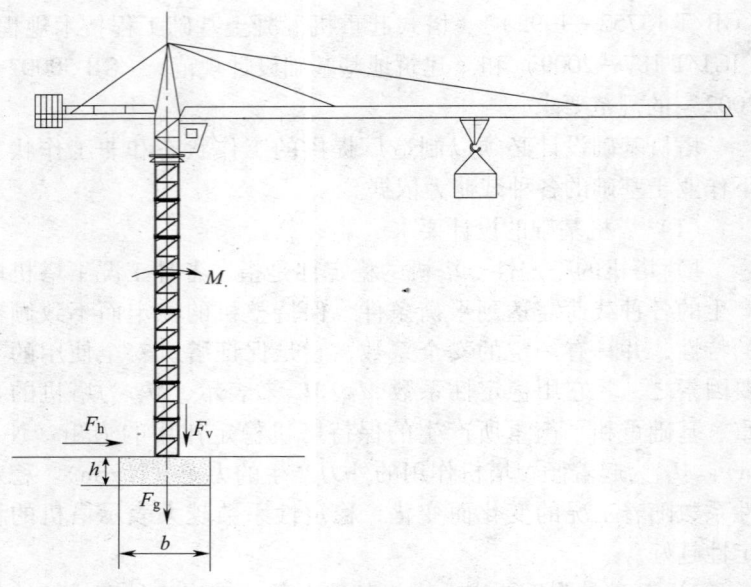

图 6—1 塔机基础稳定性计算简图

1) 塔机混凝土基础受力情况。塔机基础稳定性计算公式为：

$$E = \frac{M + F_h h}{F_V + F_g} \leqslant \frac{b}{3}$$

式中 E——偏心距，即地面反力的合力至基础中心的距离，m；

M——作用在基础上的弯矩，N·m；

F_V——作用在基础上的垂直载荷，N；

F_h——作用在基础上的水平载荷，N；

F_g——混凝土基础的重力，N。

2) 地面压应力验算。地面压应力验算公式为：

$$P_B = \frac{2(F_V + F_g)}{3bl} \leqslant [P_B]$$

式中 P_B——地面计算压应力，Pa；

$[P_\text{B}]$ ——地面许用压应力，MPa，由实地勘探和基础处理情况确定，一般取 0.2~0.3 MPa。

4. 塔机混凝土基础

塔机混凝土基础一般采用整体式现浇钢筋混凝土基础，塔身结构通过预埋在钢筋混凝土中的预埋脚柱（支腿）、预埋节或地脚螺栓等固定在基础上。这种基础可以是独立的，也可以与建筑物的结构相连或者是建筑物地下室底板的一部分，其特点是能靠近建筑物，增大塔式起重机的有效作业面。混凝土基础本身还兼压重块的作用。缺点是基础的尺寸比较大，混凝土和配筋用量大，不能重复使用，使用费用高。

塔机混凝土基础应依据《塔式起重机混凝土基础工程技术规程》（JGJ/T 187—2009）要求施工，塔吊基础底部土质应良好，开挖后经质检部门验槽，符合设计要求及地质报告方可施工。塔吊基础混凝土浇筑后应按规定制作试块，基础内的钢筋必须经质检部门、监理部门验收合格方可浇筑砼，并应做好隐蔽检查记录，以备作为塔吊验收资料。钢筋、水泥、砂石集料应具有出厂合格证或试验报告。

塔机混凝土基础应符合下列要求：

（1）地基必须夯实，地耐力 20 t/m^2，混凝土强度等级不低于 C35。

（2）基础混凝土浇筑完毕后应浇水养护，经混凝土设计强度检验合格后，方可进行上部结构的安装作业，如提前安装，必须有同条件养护的混凝土试块试验合格报告，强度达到安装说明书要求。

（3）预埋脚柱（支腿）、地脚螺栓和预埋节应使用原制造商或有相应资质单位生产的产品，并有产品合格证。

（4）所有地脚螺栓的顶面必须在同一水平面上，露出基础平面的高度为 350 mm，允许偏差不得大于 5 mm。

（5）混凝土基础表面平整度和纵、横向偏差允许偏差

1/1 000。

（6）基础应有排水设施，排水畅通，不积水。

（7）塔机的避雷装置宜在基础施工时首先预埋好，安装后电阻小于 4 Ω。

5. 桩基础

当铺设混凝土基础的地基达不到使用说明书规定的承载力时，应由有资质的施工企业，根据基础所承受的载荷，采用桩支撑等设计来达到塔机工作状况或非工作状况对基础的要求。塔机桩基础稳定性和强度的计算应依据《建筑地基基础设计规范》(GB 50007—2002) 和《混凝土结构设计规范》(GB 50010—2002)。计算时全部采用载荷设计值，即按《建筑地基基础设计规范》的规定，取载荷设计值为载荷标准值的 1.35 倍。

6. 塔机基础加固处理

当地基承载力无法满足塔式起重机设计要求时，需对地基进行加固处理，常用的方法如下。

（1）一般处理

可采取夯实法、换土垫层法、排水固结法、振密挤密法等。不同的方法对土类、施工设备、技术有不同的要求，成本不一。最常用的是换土垫层法，其成本较低，但仅局限于地基软弱层较薄的地区。

（2）桩基加固

成本较高，但处理效果较好，适用于浅层土质不能满足承载力的要求而又不适宜采用一般处理方法时，如现场地下水位较高等。

（3）利用已有设施

在便于安装、拆卸的前提下，借助于已有建筑物的基础、底板等，把塔式起重机基础与其结合起来。此种方案成本低，比较理想，但因对构筑物增加了载荷，应经计算确定是否对其采取加固处理。

(4) 加大基础面积

此方案仅适用于现场地基承载力与基础设计所要求的地基承载力值相差不大时的情况，并应进行重新设计计算。

二、轨道式塔机基础

轨道式塔机基础是专为行走在轨道上的塔机而提供的一种基础。

1. 铺设前的准备

轨道式塔机基础铺设前应了解现场情况，如路基周围的排水、建筑物体、暗沟、防空洞等，绘出建筑物与路基平面图，仔细阅读使用说明书，考虑以下因素：

（1）两台起重机之间的最小距离应保证：处于低位的起重机的臂架端部与另一台起重机的塔身之间的距离至少为 2 m，处于高位的起重机的最低位置的部件（吊钩升至最高点或平衡重的最低部位）与低位的起重机的处于最高位置部件之间的垂直距离不得小于 2 m。

（2）地基承压能力应符合起重机出厂使用说明书的要求，若达不到设计要求时，应采取加固措施。

2. 路基铺设

（1）塔机轨道应避免铺设在地下建筑物的暗沟、防空洞等的上面，如果无法避让，必须采取加固措施。

（2）敷设碎石前的路面必须按设计要求压实，碎石基础必须整平、捣实，轨枕之间应填满碎石。

（3）路基两侧或中间应设排水沟，保证路基没有积水。

3. 轨道钢轨铺设

（1）塔机轨道应通过垫块与轨枕可靠地连接，每隔 6 m 设轨距拉杆一个。在使用过程中轨道不得移动。

（2）钢轨接头处应有轨枕支撑，不得悬空，在使用过程中轨道不应移动。

(3) 轨距允许误差不大于公称值的 1/1 000,其绝对值不大于 6 mm。

(4) 钢轨接头间隙不大于 4 mm,与另一侧钢轨接头的错开距离不小于 1.5 m,接头处两轨顶高度差不大于 2 mm。

(5) 塔机轨道安装后,应对轨道进行地基承载能力检验,符合塔机使用说明书规定的技术条件后,方可进行塔机安装。

(6) 塔机安装后,轨道顶面纵、横方向上的倾斜度,对于上回转塔机应不大于 3/1 000;对于下回转塔机应不大于 5/1 000;在轨道全程中,轨道顶面任意两点的高度差应小于 100 mm。

(7) 轨道行程两端的轨顶高度应不低于其余部位中最高点的轨顶高度。

(8) 塔机轨道基础两旁、混凝土基础周围应修筑边坡和排水设施,并应与基坑保持一定的安全距离。

(9) 塔机金属结构、轨道应有可靠的接地装置,接地电阻不应大于 4 Ω,若多处重复接地,其接地电阻应不大于 10 Ω。

(10) 距轨道 1 m 处必须设置缓冲止挡器,在距轨道终端 1.5 m 处设置限位开关。

三、拼装式塔机基础

拼装式塔机基础是采用无黏结预应力工艺将混凝土预制件合理组合与塔机组成整体受力的结构件,该基础结构件是一项实用新型专利技术,是基于拆装运输方便快捷、重复利用、装机周期短、节约能源、经济效益显著的目的。

混凝土预制拼装塔机基础,适用于小车变幅水平臂额定起重力矩不超过 400 kN·m 的塔式起重机使用。混凝土预制件形状为倒"T"形,如图 6—2 所示。

采用拼装式塔机基础,应加强对塔基的地基承载力、定位组装、高强度螺栓紧固、预制件的质量、预应力施加、预应力筋的防护以及回填土等方面控制,以确保塔机基础使用的安全性。

图6—2 混凝土预制拼装塔机基础平面示意图

1. 地基承载力

拼装式塔机基础对地耐力的要求根据塔机的不同型号而异，地基承载力特征值应不低于使用说明书规定的数值。基槽开挖后，应判断塔机安装部位的地耐力是否符合要求。基坑的几何尺寸及形状应符合规定，基底应平整，不得有流砂、溶洞等现象，基础整体应位于同等地耐力、沉降一致的持力土层上，防止不均匀沉降。

2. 混凝土垫层

塔机基础的预制件应安装在混凝土垫层上，垫层的强度等级为C10~C15，厚度为10~15mm，垫层的平面几何尺寸、水平高差、平整度应符合设计要求，尤其是表面平整度偏差应小于4mm，垫层强度达到80%以上，方可安装。

3. 混凝土预制件

拼装式塔机基础（预制件）应保证预制件的形状、尺寸、预留洞、预留孔道和强度等级符合产品技术要求，使用前必须检验，未经验收或验收不合格不得使用。

对拼装式塔机基础（预制件）验收的内容主要有以下几个方面。

（1）根据《建筑业企业资质管理规定》，预制构件生产单位应具有混凝土预制构件专业资质，并在其资质许可范围内从事生产经营活动。

(2) 混凝土预制件采用后张法,将多个组合件拼装在一起,混凝土的强度等级不应低于 C35。

(3) 进场的预制件原材料,应提供混凝土配合比、拌制混凝土的骨料、水泥、钢筋等原材料的合格证、复试报告和混凝土 28 天的强度报告。

4. 地脚螺栓

塔机与基础连接采用的是专用产品"塔机与基础固定专用螺栓螺母",安装前应检查其合格证和检验报告。

5. 钢绞线及张拉设备

预制拼装塔机基础采用无黏结预应力工艺,将块状的混凝土预制件连接组合成受力整体,无黏结预应力筋通常采用高强度、低松弛钢绞线,强度可达到 1 860 MPa,但每束直径仅为 15.24 mm,其固定端和张拉端均可采用 OVM 系列夹片锚。

6. 预应力的张拉

无黏结预应力的张拉是塔机基础施工的关键工序,必须从严控制。

(1) 为减少预应力损失,一般采用超张拉法,张拉时应对钢绞线伸长值和张拉力进行双指标控制,并详细记录。

(2) 预应力张拉过程中应避免预应力筋断丝或滑脱,断丝或滑脱的数量不得超过预应力筋总根数的 3%,且每束钢丝不得超过 1 根。

7. 无黏结预应力筋的防护

(1) 对包裹层的要求

钢绞线穿线前,应检查预应力筋包裹层有无受损,轻微破损的应用水密性胶带缠绕修补,对于严重破损的,应当及时更换。

(2) 对油脂的要求

预应力筋与包裹层之间的油脂,在极端环境下应不流淌、不变脆,确保防护有效。

（3）对锚固区的防护要求

无黏结预应力筋在锚具的外露部分以及锚具的夹片上，必须有防腐涂层，或采用专门的塑料帽、金属帽等覆盖。锚具与护套之间的黏结，可采用连接套管或用防水黏结带将两者密封连接，防止水分渗入。

8. 回填土与基护

采用 M5 水泥砂浆砌 120 mm 厚挡墙，挡墙周边留泄水孔，防止雨水浸蚀地基土。挡墙砌筑高度与基础梁面平，内填土或砂石与梁面平齐，分两次夯填，以确保塔机基础的稳固性，确保总质量大于原基础质量，否则可能会造成塔机失稳或倾覆。

塔基回填土时应将地脚螺栓留出，保证不被土覆盖，以便能定期检查，发现松动及时复紧。螺母复紧后，在螺栓外露端头涂抹黄油盖好防护罩，防止锈蚀。

塔基排水应通畅，附近不得随意挖坑开沟，其外缘 3 m 以内应无积水，以防浸泡地基，降低地基承载力或引起基础的不均匀沉降。

9. 现场拼装工艺流程

在混凝土垫层上弹好十字轴线和中心件位置线→铺 10～15 mm 厚中细砂垫层→安装中心件→依次安装各预制构件及配重件→穿钢绞线→构件水平合拢→钢绞线张拉、封闭保护→安装地脚螺栓、柱脚等垂直连接构造及封闭保护→回填土与基护。

第二节 塔式起重机附着装置

塔机附着装置是稳定塔式起重机塔身刚性结构件，当塔机超过其独立高度时，需要架设附着装置，以增加塔机的稳定性。

附着装置由3根或4根撑杆和1套环框架等组成，它主要是把塔式起重机固定在建筑物的结构上，起依附稳固作用，如图6—3所示。

图6—3 塔机附着装置安装示意图

1. 塔机附着装置形式

塔机附着装置是由3根或4根撑杆和1套环框架等组成，其形式按撑杆数量可分为3根撑杆附着装置（见图6—4）和4根撑杆附着装置（见图6—5）两种类型。

2. 塔机附着装置安装

塔机附着装置安装时，将两个半框架套在标准节上，依靠两半框架间的16支M20连接螺栓把标准节箍紧，再通过撑杆扶持塔身，附着装置通过销轴将附着撑杆的一端与附着框架连接，另一端与固定在建筑物上的预埋件连接，以形成稳固的依附结构体。

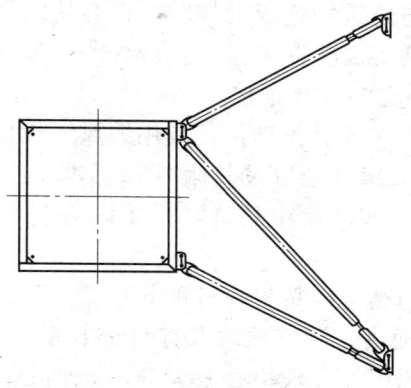

图6—4 3根撑杆塔机附着装置

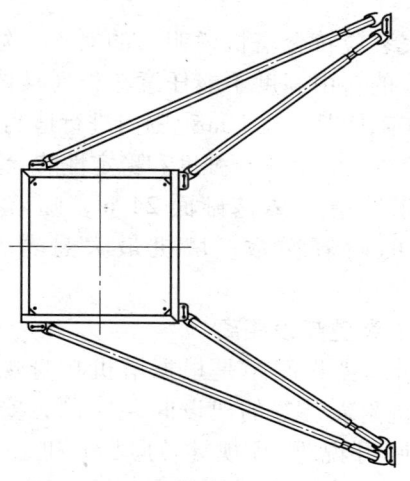

图6—5 4根撑杆塔机附着装置

框架套（亦称环梁套）由角钢和钢板焊接而成，使用时框架套在标准节上，四角用8个调节螺栓通过顶块把标准节顶牢，通过框架下的 4 个抱箍使附着架在标准节上定位。框架通过 3 根或 4 根撑杆与建筑物连成一体，撑杆与建筑物的连接点应选在混凝土柱上或混凝土圈梁上，预埋件与混凝土结合，预埋件或过墙螺栓与建筑物结构连接。

采用膨胀螺栓代替预埋件，或用缆风绳代替附着支撑是十分危险的，因为附着装置及其附件和标准节一样，同属制造商生产的产品，使用代用品就降低了附着装置的强度和稳定性。

附着装置的结构件每根撑杆的长度都可以调节，各撑杆应保持在同一平面内，调整顶块及撑杆的长度使塔身轴线垂直。一般附着后，应用经纬仪检查及调整塔机轴心线的垂直度，附着点以下塔身的垂直度不大于 2/1 000，附着点以上垂直度不大于 3/10 000。垂直度的调整可通过撑杆上调节螺栓的进退来实现。

附着装置安装应符合塔机说明书的要求，附着装置架设间距和附墙点以上的自由高度不能任意超长（具体的附墙点允许根据建筑物的实际情况，在 1 m 范围内进行适当的调整）。超长的附着撑杆应另外设计并进行强度和稳定性的验算。

塔机第一道附着距离基础面 24 m，随着塔机的加节升高，增加相应的附着次数，塔机最大悬臂高度不得超过 27 m。

3. 塔机附着装置架设距离

塔机附着装置架设间距是根据塔机自身规格与高度而决定的，不同塔机附着装置的架设间距不同，安装附着装置必须依据塔机使用说明书规定的尺寸和要求。如 QTZ63（5013）塔式起重机的最大起升高度为 140 m，为了保证塔机的工作稳定性和整机的刚度，减少上部塔身的自由长度，它在塔身全高内设置 7 套附着装置，其附着装置安装情况参照表 6—1。

表 6—1　　　　QTZ63（5013）附着装置安装

附着次数	附着架距离/m	附着后塔机最大起升高度/m	所用标准节总数
1	$h_1 = 24$	≤47	14
2	$h_2 = 15$	≤61	20
3	$h_3 = 15$	≤75	25
4	$h_4 = 15$	≤89	30
5	$h_5 = 15$	≤105	36
6	$h_6 = 15$	≤120	41
7	$h_7 = 15$	≤140	46

第二部分
实践知识

第七章

塔式起重机安全操作规程

根据《建筑施工特种作业人员管理规定》(建质 [2008] 75 号)和相关文件规定,在建筑工程施工现场从事固定式、轨道式和内爬升式塔式起重机的驾驶操作人员,称为建筑塔式起重机司机,简称塔机司机。

塔机司机是实现塔式起重机安全运行的关键,因此,塔机司机必须认真执行安全操作规程,掌握必要的安全技术理论和安全操作技能。

第一节　塔式起重机使用条件和要求

一、塔机使用的合法性

(1) 塔机应具备特种设备制造许可证、产品合格证、制造监督检验证明。

(2) 塔机应符合现行国家标准《塔式起重机安全规程》(GB 5144—2006)及《塔式起重机》(GB/T 5031—2008)相关规定。

(3) 购入的旧塔机应经行政主管部门办理注册登记或备案登记手续,具有两年内完整的运转履历书及相关修理资料。

(4) 塔机安装前应在当地行政主管部门履行安装告知手续,并接受安全监督。

（5）应对大修后的塔机，在出厂之前进行综合性能和安全装置检验，并开具检验合格证。

（6）塔机停用超过一个月或发生倾覆事故后，应在启用前对其进行综合性能和安全装置的检验。

（7）塔机异地安装或停用一年以上，安装后使用前应委托具有检验资质的单位进行安全检验，并保持每年检验一次。

（8）塔机检验后使用前，应在当地行政主管部门注册登记或备案，取得行政许可后，方准投入使用。

（9）塔机的随机附属装置、零部件以及高强螺栓，应具有出厂合格证。

（10）有下列情况之一的塔机严禁使用。

1）属于国家明令淘汰或者禁止使用的产品。

2）超过规定使用年限经评估不合格的产品。

3）经检验达不到安全技术标准规定的产品。

4）没有齐全、有效的安全保护装置的产品。

5）不符合国家现行相关标准生产的产品。

6）没有完整的安全技术档案的产品。

二、塔机使用的合规性

（1）塔机使用必须符合相关标准和规范要求，符合使用说明书的要求。

（2）塔机的配电线路应符合《施工现场临时用电安全技术规范》（JGJ 46—2005）中的相关规定。

（3）塔机使用应满足《建筑施工安全检查标准》（JGJ 59—1999）中塔吊检查评分表16和《建筑施工塔式起重机安装、使用、拆卸安全技术规程》（JGJ 196—2010）的要求。

（4）塔机租赁合同及其安全管理协议。

（5）建立塔机技术档案，其内容包括以下方面。

1）购销合同、制造许可证、产品合格证、制造监督检验证明、使用说明书、备案证明等原始资料。

2）定期检验报告、定期自行检查记录、定期维护保养记录、维修和技术改造记录、运行故障和生产安全事故记录、累计运转记录等运行资料。

3）历次安装方案、告知及验收资料。

4）塔机操作人员有效证件复印件。

5）塔机事故应急预案。

(6) 塔机启用前应检查确认下列项目。

1）塔机安全检验合格证、安全检验报告、注册或备案登记等文件。

2）塔机操作人员和辅助塔机运行的起重司索信号人员资格证书。

3）专项施工方案或施工方案交底记录。

4）塔机的金属结构件、运行机构、安全装置、电气装置、操纵控制系统必须性能正常，齐全有效，安全可靠。

5）塔机基础及其附着装置应牢固可靠。

(7) 塔机产权单位应为在用的塔机购置起重机械责任保险。

三、塔机使用年限的规定

根据建设部《关于发布建设事业"十一五"推广应用和限制禁止使用技术（第一批）的公告》（第659号）规定，对建筑施工塔式起重机的使用年限作如下规定。

(1) 下列塔机超过年限的由有资质评估机构评估合格后，方可继续使用，其评估有效期最长为3年。

1）630 kN·m 以下（不含 630 kN·m）、出厂年限超过 10 年（不含 10 年）的塔机。

2）630～1 250 kN·m（不含 1 250 kN·m）、出厂年限超过 15 年（不含 15 年）的塔机。

3）1 250 kN·m 以上、出厂年限超过 20 年（不含 20 年）

的塔机。

（2）若塔机使用说明书规定的使用年限小于上述规定的，应按使用说明书规定的使用年限使用。

（3）除整机外，对塔机主要承载结构件的报废及工作年限规定如下。

1）塔机主要承载结构件由于腐蚀或磨损而使结构的计算应力提高，当超过原计算应力的15%时应予报废。对无计算条件的塔机，当腐蚀深度达原厚度的10%时应予报废。

2）塔机主要承载结构件如塔身、起重臂等，失去整体稳定性时应予报废。如局部损坏并可修复的，则修复后不能低于原结构的承载能力。

3）塔机的结构件及焊缝出现裂纹时，应根据受力和裂纹情况采取加强或重新施焊等措施，并在使用中定期观察其发展情况。对无法消除裂纹影响的应予以报废。

4）塔机主要承载结构件的正常工作年限，按使用说明书要求或按使用说明书中规定的结构工作级别、应力循环等级、结构应力状态计算。若使用说明书未对正常工作年限、结构工作级别等作出规定，且不能得到塔机制造商确定的，则塔机主要承载结构件的正常使用不应超过 1.25×10^5 次工作循环。

第二节　塔式起重机司机安全操作技能

塔机司机必须具备塔机理论知识和实际操作能力。判断司机的实际操作能力是否合格，应依据《关于建筑施工特种作业人员考核工作的实施意见》（建办质［2008］41号）和《起重机司机安全技术考核标准》（GB 6720—1986）相关规定，对司机进行6个项目的实际操作考核,即起吊物体定点停放技能、起吊物体运行控制技能、故障识别判断技能、零部件缺陷识别、起重指挥信号识别、紧急情况处置技能。考生在38 min内完成全部内容,高于70分者为合格。

一、定点停放技能考核

(1) 以1台QTZ系列固定式塔式起重机为考核工具,起升高度为20~30 m。取1只水箱为模拟吊物,水箱外形尺寸1 000 mm×1 000 mm×1 000 mm,吊钩距箱口1 000 mm,水面距箱口200 mm。准备起重吊运指挥信号用红、绿色旗1套,指挥用哨子1只,计时器1个及个人安全防护用品等。

(2) 考核方法。考生接到指挥信号后,将水箱由A圆吊起,先后放入B圆、C圆内,再将水箱由C圆吊起,返回放入B圆、A圆内,最后将水箱由A圆吊起,直接放入C圆内。水箱由各处吊起时均距地面4 000 mm,每次下降途中准许各停顿2次。

(3) 考核时间为4 min。

(4) 考核评分标准见表7—1,满分40分。

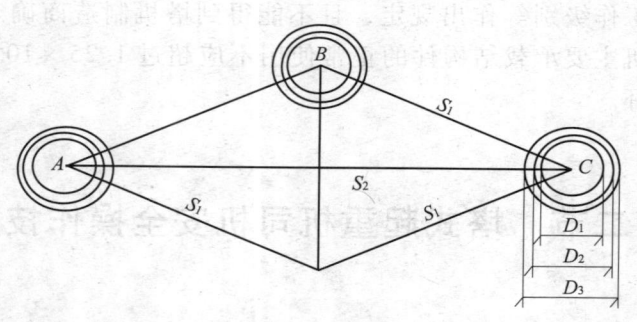

图7—1 定点停放技能考核场地示意图

(5) 定点停放技能考核场地如图7—1所示,塔机高度与停放距离见表7—2。

表 7—1　　　　　　　考核评分标准

序号	扣分项目	扣分
1	送电前,各控制器手柄未放在零位	5 分
2	作业前,未进行空载运转	5 分
3	回转、变幅和吊钩升降等动作前,未发出音响信号示意	5 分/次
4	水箱出内圆(D_1)	2 分
5	水箱出中圆(D_2)	4 分
6	水箱出外圆(D_3)	6 分
7	洒水	1~3 分/次
8	未按指挥信号操作	5 分/次
9	起重臂和重物下方有人停留、工作或通过时,未停止操作	5 分
10	停机时,未将每个控制器拨回零位,未依次断开各开关,未关闭操纵室门窗	5 分/项

表 7—2　　　　　塔机高度与停放距离　　　　　　　m

塔式起重机高度	S_1	S_2	D_1	D_2	D_3
$20 \leqslant H \leqslant 30$	18	13	1.7	1.9	2.1

二、起吊物体运行控制技能考核

(1) 以 1 台 QTZ 系列固定式塔式起重机为考核工具,起升高度为 20~30 m。取 1 只水箱为模拟吊物,水箱外形尺寸 1 000 mm×1 000 mm×1 000 mm,吊钩距箱口 1 000 mm,水面距箱口 200 mm。

(2) 在考核现场内树立标杆 23 根,每根高 2 000 mm,直径 20~30 mm。标杆底座 23 个,每个直径 300 mm、厚度 10 mm。

(3) 在考核现场内树立柱 5 根,高度依次为 1 000、1 500、1 800、1 500、1 000 mm,均匀分布在弧线上。立柱顶端分别立着放置 200 mm×200 mm×300 mm 的木块。

(4) 准备起重吊运指挥信号用红、绿色旗 1 套,指挥用哨子 1 只,计时器 1 个及个人安全防护用品等。

(5) 考核方法。考生接到指挥信号后,将水箱由 A 处吊离地面 1 000 mm,按如图 7—2 所示的路线在杆内运行,行至 B 处上方,即反向旋转,并用水箱依次将立柱顶端的木块击落,最后将水箱放回 A 处。在击落木块的运行途中不准开倒车。

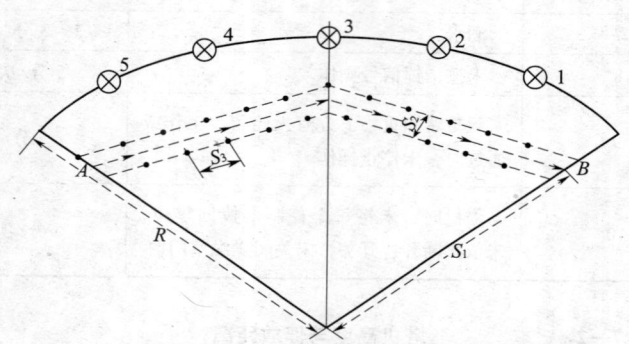

• 表示标杆,⊗ 表示放置木块的立柱,→ 表示运行方向

图 7—2 起吊物体运行控制技能考核示意图

(6) 考核时间为 4 min。具体可根据实际考核情况调整。

(7) 考核评分标准见表 7—3,满分 40 分。

表 7—3　　　　　　考核评分标准

序号	扣分项目	扣分
1	送电前,各控制器手柄未放在零位	5 分
2	作业前,未进行空载运转	5 分
3	回转、变幅和吊钩升降等动作前,未发出音响信号示意	5 分/次

续表

序号	扣分项目	扣分
4	碰杆	2分/次
5	碰倒杆	3分/次
6	碰立柱	3分/次
7	未击落木块	3分/个
8	未按指挥信号操作	5分/次
9	起重臂和重物下方有人停留、工作或通过，未停止操作	5分
10	停机时，未将每个控制器拨回零位、未依次断开各开关、未关闭操纵室门窗	5分/项

（8）定点停放技能考核场地如图7—2所示，塔机高度与停放距离见表7—4。

表7—4　　　　　塔机高度与停放距离　　　　　m

起重机高度	R	S_1	S_2	S_3
$20 \leqslant H \leqslant 30$	19	15	2.0	2.5

三、故障识别判断技能考核

（1）考核设备和器具。准备1台塔式起重机，并预先设置安全限位装置失灵、制动器失效等故障，或准备塔机故障图示、影像资料。

（2）其他器具。计时器1个。

（3）考核方法。由考生识别判断安全限位装置失灵、制动器失效等故障或图示、影像资料的故障。对每个考生只设置1种。

（4）考核时间。10 min。

（5）考核评分标准。满分5分。在规定时间内正确识别判断的，得 5 分。

四、零部件缺陷识别判断技能考核

（1）考核器具。准备塔机零部件（吊钩、钢丝绳、滑轮等）实物或图示、影像资料（包括达到报废标准和有缺陷的）。

（2）其他器具。计时器 1 个。

（3）考核方法。从塔机零部件实物或图示、影像资料中随机抽取 2 件（张），由考生判断其是否达到报废标准并说明原因。

（4）考核时间。5 min。

（5）考核评分标准。满分 5 分。在规定时间内正确判断并说明原因的，每项得 2.5 分；判断正确但不能准确说明原因的，每项得 1.5 分。

五、起重吊运指挥信号识别判断技能考核

（1）考核器具。起重吊运指挥信号实况或图示、影像资料等。

（2）其他器具。计时器 1 个。

（3）考核方法。考评人员做 5 种起重吊运指挥信号，由考生判断其所代表的含义；或从一组指挥信号图示、影像资料中随机抽取 5 张，由考生回答其中代表的含义。

（4）考核时间。5 min。

（5）考核评分标准。满分 5 分。在规定时间内每正确回答一项，得 1 分。

六、紧急情况处置技能考核

（1）考核器具。设置塔机钢丝绳意外卡住、吊装过程中遇到障碍物等紧急情况或图示、影像资料。

（2）其他器具。计时器 1 个。

（3）考核方法。由考生对钢丝绳意外卡住、吊装过程中遇到障碍物等紧急情况或图示、影像资料中的紧急情况进行描述，并口述处置方法。对每个考生只设置 1 种。

（4）考核时间。10 min。

（5）考核评分标准。满分 5 分。在规定时间内对存在的问题描述正确并正确叙述处置方法的，得 5 分；对存在的问题描述正确，但未能正确叙述处置方法的，得 3 分。

第三节　塔式起重机司机安全操作规程

一、一般规定

（1）塔机司机应遵守塔机安全技术操作规程，执行塔机保养维修制度和使用说明书的规定。

（2）塔机司机必须身体健康，体检合格，经过专业培训，做到"四懂、三会、一牢记"，即懂性能、懂构造、懂原理、懂用途、会操作、会保养、会排除故障，牢记安全操作规程。

（3）新安装的塔机，经检验合格后，在正式吊装前必须进行载荷试运转。

（4）司机必须按规定对塔机做好保养和检查工作，认真进行清洁、润滑、紧固、调整和防腐工作。

（5）司机必须认真按时填写机械设备运转履历书的各项数据。

（6）严禁司机酒后或患有疾病时上机操作。

（7）塔机司机应当在起重信号指挥人员指挥下操作，严禁无指挥独自操作，不得擅自或违背正确的指挥信号操作。

（8）塔机司机在作业中有下列情况之一的，应停止操作。

1）不符合国家标准中规定的旗语、手势、音响的指挥信号，对指挥信号辨别不清时。
2）可能造成事故的冒险指挥。
3）不符合起重机性能的违章指挥。
4）在作业中有两个或两个以上的指挥人员。

二、作业前安全操作规定

（1）司机上岗作业前应履行交接班手续，检查机械履历书及交接班记录，接班者应认真处理记载事项。

（2）对于轨道式塔机，司机在操作前应松开夹轨器，按规定的方法将夹轨器固定。清除行走轨道的障碍物，检查塔机轨道两端行走限位缓冲器装置，终端缓冲器止挡最小距离设定为1 000 mm。检查轨道的平直度、坡度和两轨道的高差，应符合塔机的有关安全技术规定，路基不得有沉陷、溜坡、裂缝等现象。检查轨道是否符合要求，参考第六章第一节中轨道式塔机基础的规定。

（3）检查固定式塔机基础，确认无沉陷、无积水，基础节螺栓无松动状态。

（4）检查拼装式塔机基础，确认无沉陷、无积水，基础螺栓符合紧固要求。

（5）检查塔机塔身主机构，应无裂纹、焊缝无开焊等现象。

（6）检查现场周边环境，应无塔机正常工作的影响因素，如高压线、障碍物等。

（7）检查塔机电气系统，应接触良好，导线无裸露等现象，所有电气系统必须有良好的接地或接零保护。

（8）检查各传动部分的润滑情况，应保持机械传动齿轮箱、液压油箱的油位符合标准。

（9）检查各部制动装置，应保持制动带（蹄）无损坏，制动灵敏可靠。

（10）检查取物装置，应保持吊钩、滑轮、卡环、钢丝绳符合标准。

（11）检查安全装置，应保持各限位装置、保险装置、限制装置、监视装置以及吊钩闭锁装置等齐全有效，灵敏可靠。

（12）检查各部钢丝绳的润滑与磨损情况，应保持正常润滑，超磨损或损伤应更换。

（13）送电前，各控制器手柄应在零位，联动控制器应在零位，合闸后，检查金属结构部分无漏电方可上机。

（14）无关人员不得进入塔机操作室内，操作室禁止放置易燃物和妨碍操作的物品，保持消防器材有效。

（15）司机在作业前必须经下列各项检查，确认完好，方可开始作业。

1）空载运转一个作业循环，试吊重物，核定和检查大车行走、起升高度、幅度等限位装置及起重力矩、起重量限制器等安全保护装置。

2）对于附着式起重机，应对附着装置进行检查，确认附着框架在塔身节上的安装必须安全可靠，并应符合使用说明书中的有关规定；附着框架与塔身节的固定应牢固；各连接件不应缺少或松动。

3）检查附着杆，确认与附着框架的连接可靠；附着杆有调整装置的应按要求调整后锁紧；附着杆本身的连接不得松动。

4）检查附着杆与建筑物的连接情况，确认与附着杆相连接的建筑物没有裂纹或损坏；在工作中，附着杆与建筑物的锚固连接必须牢固，不应有错动；各连接件应齐全、可靠。

三、作业中安全操作规定

（1）作业中司机必须专心操作，不得吸烟、看书、看报或与他人闲谈，不得做与操作无关的事情，塔机运行时不得擅离驾驶室。

（2）司机必须按所操纵的塔机的说明书和起重性能进行作业，严格遵守"十不吊"原则。

1）斜拉斜挂不吊。

2）超负荷或物体质量不清、重物下面有人停留或行走不吊。

3）安全装置失灵不吊。

4）吊件捆绑、吊挂不牢或不平衡不吊以及使用吊钩直接悬挂重物不吊。

5）指挥信号不明、光线暗淡、视物不清不吊。

6）钢筋、型钢、管材等细长或多根物件捆扎不牢靠，多点起吊、吊件有棱角、缺口，无措施不吊。

7）吊件上有人或浮置物不吊。

8）吊件埋在地下质量不清或有粘连、附着的物件或未采取措施，不拔吊。

9）氧气瓶、乙炔瓶等具有爆炸性的物品，无防护措施不吊。

10）露天作业时遇6级及以上大风不吊。风速与风力等级直观判断对照见表7—5。

表7—5　　　　　风速与风力等级直观判断对照

风速/（m/s）	名称	级别	状态（在地面上）
0～0.2	无风	0	烟直线上升
0.3～1.5	软风	1	烟能表示方向，但风向标不能转动
1.6～3.3	轻风	2	人面感觉有风，树叶微响，风向标能转动
3.4～5.4	微风	3	树叶和微枝摇动不息，旌旗招展
5.5～7.9	和风	4	吹动地面灰尘和纸张，小树枝摇动
8～10.7	清风	5	有叶的小树摇摆，内陆水面有小波
10.8～13.8	强风	6	大树枝摇动，电线呼呼有声，张伞困难

续表

风速/（m/s）	名称	级别	状态（在地面上）
13.9~17.1	疾风	7	全树摇动，迎风步行感觉不便
17.2~20.7	大风	8	折毁微枝，迎风步行感觉阻力甚大
20.8~24.4	烈风	9	建筑物小损毁（烟囱顶盖和瓦片移动）
24.5~28.4	狂风	10	陆地上少见，可拔起树木，建筑物损坏较重
28.5~32.6	暴风	11	陆地上少见，若有，则必有大面积破坏
32.7~36.9	飓风	12	陆地上少见，摧毁力极大

（3）司机必须在起重司索信号的指挥下，严格按照指挥信号、旗语、手势进行操作，对指挥信号辨别不清时不得盲目操作，对指挥错误有权拒绝执行，并主动采取防范或相应的紧急措施。

（4）司机进出驾驶室必须走规定的通道，上下塔机时不得握持任何物件。

（5）操作前应先鸣笛发出警示，以提醒注意。正式起吊物体前应进行空载、带载荷试运转，应先将重物吊离地面约500 mm后停住，确认物料绑扎和吊索具无误后，方可继续起吊。

（6）操纵控制器时应从止点零位开始推到第一挡，然后依次逐级推到其他挡位，严禁越挡操作，在传动装置运转中变换方向时，先将控制器拨回到零位，待传动停止后，再逆向运转，严禁直接变换运转方向，操作时力求平稳，严禁急升急停。

（7）对于动臂式塔式起重机，严禁起升、变幅两个动作同时进行，严禁带载变幅。

（8）小车变幅的塔机在满负荷或接近满负荷时，不得继续变幅。

（9）塔机回转时应先将控制器推至零位，待转动停止后再逆向操作，严禁直接变换运转方向。

（10）作业中平移起吊重物时，重物高出其所跨越障碍物的高度不得小于 1 m。

（11）塔机上各种安全保护装置运转中发生故障、失效或不准确时，必须立即停机修复，严禁带病作业和在运转中进行维修保养。

（12）作业中遇有下列情况应停止作业。

1）遇恶劣气候，如大雨、大雪、大雾、超过允许工作风力等。

2）塔机出现漏电现象。

3）钢丝绳磨损严重、扭曲、断股、打结或出槽。

4）安全保护装置失效。

5）各传动机构出现异常现象和异响。

6）金属结构部分发生变形。

7）起重机发生其他妨碍作业及影响安全的故障。

（13）钢丝绳在卷筒上的缠绕必须整齐，出现爬绳、乱绳、啃绳、多层缠绕时，各层间的绳索互相塞挤时，不允许继续作业。

（14）起重量、起升高度、变幅等安全装置显示或接近临界警报值时，司机必须严密注视，严禁强行操作。

（15）当吊钩滑轮组起升到接近起重臂时应用低速起升。

（16）严禁重物自由下落，重物距离就位地点 1~2 m 处要缓慢下降就位，重物就位时，可使用制动器使之缓慢下降。

（17）使用非直撞式高度限位器时，高度限位器调整为：吊钩滑轮组与对应的最低零件的距离不小于 1 m，直撞式不小于 1.5 m。

（18）塔机行走到接近轨道限位时，应提前减速停车。

（19）塔机在夜间工作时，必须有足够的照明。

（20）塔机在作业中，严禁对传动部分、运动部分以及运动件所及区域做维修、保养、调整等工作。

（21）严禁利用塔机乘运或提升人员，禁止在起重机的各个部位乱放工具、零件或杂物，严禁从塔机上向下抛扔物品。

（22）起重机的臂架和起重物件必须与高低压架空输电线路保持一定的安全距离。

（23）采用两台或多台塔机抬吊安装时，必须依照专项方案的规定和要求执行。

1）塔机抬吊的专项方案由塔机使用单位技术人员制订，经过专家评审批准、监理认可后，方准执行。

2）必须将专项方案向塔机司机和起重作业人员进行技术交底，并形成记录。

3）每台抬吊的起重机所承担的载荷不得超过本身额定承载能力的 80%。

4）选派有经验的司机和指挥人员作业，并严格依照操作程序进行。

（24）两台塔机之间的最小架设距离，应保证处于低位塔机的起重臂端部与另一台塔机的塔身之间至少有 2 m 的距离；处于高位塔机的最低位置的部件（吊钩升至最高点或平衡重的最低部位）与低位塔机中处于最高位置部件之间的垂直距离不小于 2 m。

（25）两台塔式起重机同在一条轨道上或在两条平行或垂直的轨道上进行作业时，应保持两机之间任何部位的安全距离不低于 5 m。

（26）多台塔机作业时应保证安全作业距离，避免两台或两台以上塔机在回转半径内重叠作业；吊钩上悬挂重物之间的安全距离不小于 5 m；高位起重机钩底与低位起重机之间在任何情况下，其垂直距离不小于 2 m；若两机塔臂交错时，高位起重机的吊钩应退回到两机回转半径交叉范围以外或吊钩升到高处，以防止相撞的恶性事故发生。

（27）凡装有电梯的塔机，必须遵守电梯使用说明书中的规定,严禁超载和违反操作程序。

(28)装有机械式力矩限制器的起重机,在多次变幅后,必须根据回转半径和该半径的额定负荷,对超负荷限位装置的吨位指示盘进行调整。

(29)弯轨路基必须符合规定,起重机拐弯时应在外轨轨面上撒上沙子,在内轨轨面及两翼涂上润滑脂。配重箱应转至拐弯外轮的方向,严禁在弯道上进行吊装作业或吊重物转弯。

(30)作业中临时或紧急停电时,应立即将控制器置于零位,并切断电源,如果吊钩上挂有重物,应稍松稍紧反复使用制动器,使重物缓慢地下降到安全地带。

(31)装有上下两套操纵系统的塔机,不得同时使用。

(32)在进行安装、拆卸、加节或降节作业时,塔机的最大安装高度处的风速不大于 13 m/s,当有特殊要求时,按用户和制造厂的协议执行。

(33)塔机的尾部和起重臂端部与周围建筑物及其外围施工设施之间的安全距离不小于 0.6 m。

(34)有架空输电线的场合,塔机的任何部位与输电线的安全距离,应符合表 7—6 的规定。

表 7—6　　　塔机任何部位与输电线间的安全距离

安全距离		电压/kV			
	<1	1~15	20~40	60~110	>220
沿垂直方向/m	1.5	3.0	4.0	5.0	6.0
沿水平方向/m	1.0	1.5	2.0	4.0	6.0

四、作业后安全操作规定

(1)塔机停止作业后,必须选择塔机回转时无障碍物和轨道中间合适的位置及起重臂的顺风向停机,并锁紧全部的夹轨器。

（2）回转机构带有常闭或制动装置的塔机，停止作业后，司机应扳开手柄，松开制动，以便起重机能在大风的吹动下顺风向转动，禁止限制起重臂随风转动。

（3）塔机作业完毕后，起重机应停放在轨道中间位置，塔机的起重臂应转到顺风方向，并松开回转制动装置，小车及平衡重应置于非工作状态，吊钩宜升到离起重臂顶端 2~3 m 处。

（4）塔机停止作业后，应将各控制器拨到零位，依次断开各开关，收好工具，关闭门窗并加锁，打开夜间红色障碍指示灯。

（5）塔机停止作业后，检修人员需要上塔身、起重臂、平衡臂等高处部位检查或修理时，必须系好安全带。

（6）在寒冷季节，对停用起重机的电动机、电器柜、变阻器箱、制动器等，应严密遮盖防冻。

（7）塔机的塔身标准节上，不得悬挂标语牌。

（8）填好当班履历书及各种记录。

五、关键动作的安全操作规定

（1）起升机构的正确操作。轻载高速或重载低速。起升电动机一般为双速或三速，不允许越挡操作。起升电动机高速时只适用于轻载或空钩升降；低速时不允许长时间运行，低速连续运行时间不许超过 5 min，以免电动机过热而损坏。

（2）回转机构的正确操作。低挡或点动起步，停稳后方可开反车，不可利用开反车来制动，以保证回转机构及液力耦合器的安全运行。

（3）多台塔机的正确操作。同一施工现场安装两台及以上塔机时，应注意塔机间的相互位置，采取不同的标高作业，密切关注塔机的起重臂、平衡臂间的距离，以防止发生碰撞事故。

第八章
塔式起重机安全技术管理

塔机作业是一项高度危险的项目,且在作业过程中需两个以上工种相互配合才能完成任务,因此,加强对塔机的安全技术管理是塔机作业的重要安全保障。

第一节 塔式起重机作业人员的安全管理

一、塔机司机的安全管理

根据《建筑施工特种作业人员管理规定》(建质 [2008] 75号)的规定,塔机司机属于建筑施工特种作业人员管理范围。

1. 基本条件

申请从事塔机作业的人员,应当具备下列基本条件。

(1) 年满18周岁(男性不超过60周岁,女性不超过55周岁)。

(2) 身体健康,无妨碍从事相应特种作业的疾病和生理缺陷。

(3) 初中及以上学历。

(4) 有三个月以上申请项目的实习经历。

2. 岗位资格条件

(1) 符合基本条件者,应向本人户籍或从业所在地考核工作机构提出申请,并提交下列申请材料。

1)建筑施工特种作业人员首次考核申请表。

2)身份证明复印件1份,外国人及台港澳人员需同时提供劳动和社会保障部门颁发的有效"外国人就业证"及"台港澳人员就业证"。

3)大一寸正面免冠彩色照片2张,小一寸1张。

4)学校毕业证书复印件或学历证明1份。

5)经社区或者县级以上医疗机构(二级乙等以上医院)体检合格,并无妨碍从事相应特种作业的器质性心脏病、癫痫病、美尼尔氏症、眩晕症、震颤麻痹症、精神病、痴呆症以及其他影响肢体活动的神经系统疾病和生理缺陷。

(2)塔机司机必须经过省、市级建设行政主管部门指定的培训机构进行岗位资格培训,培训的内容应包括基础理论知识和实习操作两个部分,安全技术理论知识培训时间不少于60学时,实际操作培训时间不少于40学时,塔机司机取证培训课时安排见表8—1。

表8—1 塔机司机取证培训课时安排表

项目	培训课时		学时
安全技术理论知识部分(60学时)	安全基本知识(16学时)	建筑施工安全生产基本知识	8
		与塔机作业相关的专业基础知识	8
	塔机安全技术理论知识(44学时)	塔机概述	4
		塔机机构及原理	4
		塔机安全装置	4
		塔机取物装置	4
		塔机基础与附着装置	4
		塔机安全操作规程	4
		塔机安全技术管理	4
		塔机维修保养及故障排除	4
		起重机常见事故处置及预防	4
		起重吊运指挥信号	4
		塔机伤害事故的案例	4

续表

项目	培训课时	学时
实际操作部分 （40学时）	《起重机司机安全技术考核标准》（GB 6720—1986）	20
	塔机实际操作相关技能	20

（3）司机培训期满后，经省、市建设行政主管部门考核合格后，颁发相应操作资格的"建筑施工特种作业操作资格证"，如图8—1所示。

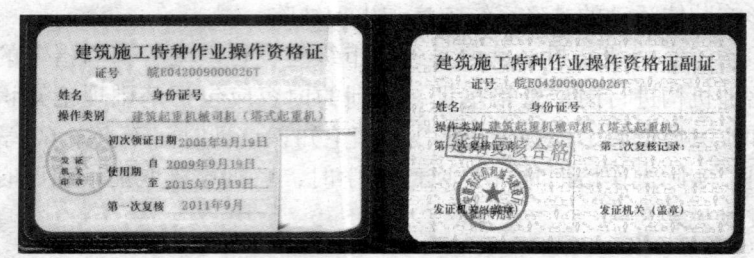

图8—1　建筑施工特种作业操作资格证

（4）首次取得"建筑施工特种作业操作资格证"的人员实习操作不得少于三个月，实习操作期满，经用人单位考核合格，方可独立作业。

（5）资格证书有效期为两年，有效期满需要延期的，塔机作业人员应当于期满前三个月内向原考核发证机关申请办理延期复核手续，延期复核合格的，资格证书有效期延期两年。

（6）建筑施工特种作业人员申请延期复核，应当提交下列材料。

1）身份证（原件和复印件）。

2）体检合格证明。

3）年度安全教育培训证明或者继续教育证明。

4）考核发证机关规定提交的其他资料。

(7) 有下列情形之一的，延期复核结果为不合格。
1) 超过塔机操作规定年龄要求。
2) 身体健康状况不再适应相应特种作业岗位。
3) 对生产安全事故负有责任。
4) 两年内违章操作记录达 3 次（含 3 次）以上。
5) 未按规定参加年度安全教育培训或者继续教育。
6) 考核发证机关规定的其他情形。

3. 岗位从业管理

（1）建筑塔机作业人员应当严格按照安全技术标准和规范、安全管理制度、塔机使用说明书进行作业。

（2）正确穿戴和使用安全防护用品，并按规定对作业工具和设备进行维护保养，在作业中有权拒绝违章指挥和强令冒险作业，有权在发生危及人身安全的紧急情况时立即停止作业或者采取必要的应急措施后撤离危险区域。

（3）建筑塔机作业人员应当参加年度安全教育培训或者继续教育，每年不得少于 24 h。

（4）建筑塔机作业人员应当受聘于建筑施工企业或者塔式起重机出租单位（简称用人单位），方可从事建筑塔机的作业。

（5）用人单位对于首次取得资格证书的人员，应当在其正式上岗前安排不少于三个月的实习操作，实习学员在操作塔机的全过程中，必须接受该起重机司机的监护和指导。

（6）对于连续一年以上未操作起重机的司机，企业主管部门必须注销其操作证。如再操作起重机，必须经过省、市级建设主管部门重新考试，合格后取得操作证。

（7）在作业中有下列情况之一者，司机不得继续操作塔机。
1) 指挥信号辨别不清或会造成事故的指挥。
2) 不符合起重机操作性能的指挥。
3) 用不符合 GB 5082—1985 中规定的旗语、手势、音响的指挥信号。

4）在作业中有两个或两个以上的指挥人员，且不分主次指挥。

5）在作业的过程中，无指挥操作，不服从指挥信号，擅自操作。

二、塔机安拆人员的安全管理

1. 基本条件

塔机安拆人员必须是年满18周岁的男性公民，并应具备初中以上文化程度，身体健康。

2. 岗位资格条件

（1）安拆人员必须经过省、市级建设主管部门或其指定的单位培训，也可以参加专业（技工）学校培训，培训时间不少于六个月（四个月以上的专业基础理论知识学习，两个月以上的实习）。

（2）安拆人员培训期满后，经省、市级建设主管部门考试合格后，发给作业证者方可担任安拆工作。

3. 塔机安拆人员作业安全管理

（1）每个安拆人员在每次安拆作业中，必须了解自己所从事的项目、部位、内容及要求。对所安拆的部件必须做到：

1）准确地了解其质量。

2）吊点位置。

3）选择合适的吊挂位置。

4）正确地选择吊具和索具。

（2）安拆人员必须在指定的专门指挥人员的指挥下作业，其他人不得发出指挥信号。

（3）安拆人员在进入工作现场时，必须戴安全帽，登高作业时还必须穿防滑鞋、系安全带、穿工作服、戴手套等。

（4）作业前，安拆人员必须对所使用的钢丝绳、链条、卡环、吊钩、板钩、耳钩等各种吊具和索具按有关规定做认真检查。合格的方准使用,不准超载使用。

(5) 起重作业中,不允许把钢丝绳和链条等不同种类的索具混合用于一件重物的捆扎或吊运。

三、塔机起重司索的安全管理

起重司索是指在起重作业中对物体进行绑扎、挂钩、起吊、就位等作业的人员。

1. 基本条件

(1) 年满 18 周岁。

(2) 身体健康,双眼裸眼视力均不低于 0.7,无色盲、听觉障碍、癫痫病、高血压、心脏病、眩晕、突发性昏厥等妨碍起重司索作业的疾病及生理缺陷。

(3) 具有初中文化程度。

(4) 具有一定的实际操作技能。

2. 岗位资格条件

(1) 培训考核时间不少于 100 学时,培训采用建筑施工特种作业人员安全技术考核培训统编教材。

(2) 塔机起重司索人员培训期满后,经考试合格,主管部门颁发《建筑施工特种作业人员操作资格证书》后,方可从事塔机起重司索工作。

3. 塔机起重司索作业安全管理

(1) 作业前的技术准备

在起重指挥组织下,学习和掌握作业方案及安全技术要求,听取技术与安全交底,掌握吊点位置和吊件的捆绑方法。

(2) 工具与索具的准备

认真检查并落实作业所需工具、索具的种类、规格、件数及完好程度。

(3) 作业现场准备

对作业现场进行地貌勘察,熟悉作业场地,排除作业的障碍物，检验地面平整及耐压程度。查看吊物，了解质量、重心。实地检查有无影响吊物吊升的因素。

4. 塔机起重司索作业中的安全职责

（1）认真执行起重吊运方案及技术、安全要求和措施；正确使用绑挂物件的方法；通晓指挥信号。

（2）不歪拉斜吊，不起吊不明质量、半掩埋、冻结于地面、连挂其他物件的吊物。

（3）做好作业过程中的监护工作，非作业人员不得进入作业区。任何人不得停留在已吊起的吊物下方。

（4）吊升应平稳，避免振动和摆动。当吊物离地 100~200 mm 时，应停机检查绑挂的牢固程度，检查起重机的稳定程度以及吊具、索具有无异常，严禁解除吊索和放松溜绳。

（5）在室外作业时，遇有 6 级大风、浓雾、雨雪等不良气候应停止作业；夜晚作业应有足够的照明条件。

（6）在作业全过程中，如发生异常和不明情况，应及时报告起重指挥。

（7）认真保护吊物的安全，使其不受损伤。

（8）严格执行起重"五不挂"规定。

1）起重或吊物质量不明不挂。

2）重心位置不清楚不挂。

3）尖棱利角和易滑工件无衬垫物不挂。

4）吊具及配套工具不合格或报废不挂。

5）包装松散、捆绑不良不挂。

四、塔机指挥人员的安全管理

起重指挥是指挥起重机司机完成对吊物起吊和就位作业的人员。

1. 基本条件

（1）从事起重作业满 4 年以上。

(2) 具有初中以上文化程度。

(3) 有较丰富的实践经验,具有起重作业的组织能力。

(4) 身体健康,患有色盲、耳聋、矫正视力低于1.0、心脏病、高血压、美尼尔症、癫痫等疾病者不能从事指挥工作。

2. 岗位资格条件

(1) 培训考核时间不少于100学时,培训采用建筑施工特种作业人员安全技术考核培训统编教材。

(2) 指挥人员培训期满后,经考试合格,主管部门颁发《建筑施工特种作业人员操作资格证书》后,方可从事塔机指挥工作。

3. 塔机指挥人员安全管理

(1) 塔机指挥人员作业前的技术准备

1) 掌握起重、吊运任务的技术要求,包括学习审查图样、调查了解吊物的情况。

2) 参加编制吊装作业方案,确定吊装作业人员的组成。

3) 向参加起重吊运作业的人员进行安全与技术交底,对作业班组进行明确的岗位分工和职责交底,认真交代指挥信号的运用。

4) 选择和确定吊点及吊运器具。

5) 吊装机械、工具的准备。

6) 组织司机进行起重机检查、注油、空转和必要时的试吊。

7) 检查、落实吊运工具的种类、规格、件数及完好程度,检查索具的完好程度。

(2) 施工现场准备

对作业现场进行地貌踏勘,排除起重吊运的障碍物,检查高压线路是否对作业有影响,是否需迁移。检验地面平整程度及其耐压程度。确定起重机在作业时的位置。实地查看吊物,核算质量,估出重心,确定是否设牵制绳等。

4. 塔机指挥人员作业中的安全职责

(1) 起重指挥要严格执行起重吊运方案及技术、安全要求和措施。

(2) 要正确运用手势、音响、旗语等指挥信号,组织司索人员绑挂吊物,指挥起重机司机实行吊升、就位、校正和最后固定。

(3) 严禁超负荷使用起重机及工具和索具。

(4) 严格执行在吊装作业区内不准闲人进入的规定。任何人不得随同吊物上升攀高。在吊装过程中,任何人不得停留在已吊起的吊物下方。

(5) 在室外作业时,遇有6级以上大风、浓雾、雨雪等不良气候,应停止作业;夜晚作业应有足够的照明条件,且经有关部门批准。

(6) 因故停止作业时,须采取安全可靠的防护措施,以保护吊物与设备。严禁吊物悬空长时间停留。

(7) 起重吊运大型吊物通过桥涵时,须先调查测量核算桥涵的宽度、承载能力,以确保其顺利通过。在道路上行驶的起重机,其时速应符合有关规定,车辆距路边不得小于 1.5 m。

(8) 认真保护吊件安全和不受损伤。

第二节　塔式起重机司机应具备的岗位能力

依据《建筑起重机械司机(塔式起重机)安全技术考核大纲》的规定,塔机司机应具备的理论知识包括安全生产基本知识、专业基础知识、专业技术理论三个方面。

一、塔机司机应具备的理论知识

1. 安全生产基本知识

(1) 了解建筑安全生产法律法规和规章制度。

（2）熟悉有关特种作业人员的管理制度。
（3）掌握从业人员的权利义务和法律责任。
（4）熟悉高处作业安全知识。
（5）掌握安全防护用品的使用。
（6）熟悉安全标志、安全色的基本知识。
（7）了解施工现场的消防知识。
（8）了解现场急救知识。
（9）熟悉施工现场安全用电基本知识。

2. 专业基础知识

（1）了解力学基本知识。
（2）了解电工基础知识。
（3）熟悉机械基础知识。
（4）了解液压传动知识。

3. 专业技术理论

（1）了解塔式起重机的分类。
（2）熟悉塔式起重机的基本技术参数。
（3）熟悉塔式起重机的基本构造与组成。
（4）熟悉塔式起重机的基本工作原理。
（5）熟悉塔式起重机的安全技术要求。
（6）熟悉塔式起重机安全防护装置的结构、工作原理。
（7）了解塔式起重机安全防护装置的维护保养、调试。
（8）熟悉塔式起重机的试验方法和程序。
（9）熟悉塔式起重机常见故障的判断与处置方法。
（10）熟悉塔式起重机的维护与保养的基本常识。
（11）掌握塔式起重机主要零部件及其易损件的报废标准。
（12）掌握塔式起重机的安全技术操作规程。
（13）了解塔式起重机常见事故原因及处置方法。
（14）掌握《起重吊运指挥信号》（GB 5082—1985）内容。

二、塔机司机应具备的操作技能

（1）掌握吊起水箱定点停放的操作技能。
（2）掌握吊起水箱绕木杆运行和击落木块的操作技能。
（3）具备常见故障识别判断的能力。
（4）掌握塔式起重机吊钩、滑轮和钢丝绳的报废标准。
（5）具备识别起重吊运指挥信号的能力。
（6）掌握紧急情况处置技能。

三、塔机司机应逐步具备的实践经验

塔机司机的岗位技能是实践经验的体现，提高岗位技能要从安全操作三要素入手，即"稳、准、快"。

1. 平稳

平稳是指能使吊物在运行、就位过程中保持平稳状态，以避免冲击、摇晃现象。司机操作的平稳状态应从以下三个方面评价。

（1）起动要平稳

要做到从低速挡起步，等吊钩动起来后，再从低速挡向高速挡逐渐加速。这时吊钩和吊物就能平稳地从静止状态过渡到起动状态，再从低速运行平稳地过渡到高速运行。

（2）制动要平稳

吊物从高速运行到停止运行的过程中有时候需要制动，司机在制动的预备阶段就应将运行速度降低，如果在高速状态下紧急制动，不仅使物体不稳定，而且很有可能造成吊物坠地，酿成事故。

（3）定位要平稳

为避免吊钩与吊物在空中的摆动现象，在吊钩摇摆到幅度最大而尚未回摆的瞬间，应迅速跟进，称为"找钩"，找钩的技巧在于跟进的距离与速度要恰到好处，跟进的速度不能太慢，也不能太快，否则会起反作用。这样通过来回几次操作，就能使吊钩和吊物处于相对稳定状态。

2. 准确

准确是指吊物就位准,对吊物估重准。

(1) 落点准

塔机司机必须对吊物所需通过的水平距离和垂直高度有准确的判断,并充分考虑起重机的性能和运动惯性。在操纵手柄时,吊钩起升或下降要微动,要把握回位的提前量,使吊物能平稳准确落点就位。

(2) 估重准

司机如果对吊物质量不能把握,起重机在超重、超力矩的状况下运作,各机构和部件处于超常状态,有可能会导致制动失效、钢丝绳断裂、吊车倾覆等事故发生。

3. 快速

快速是指多吊、快吊,充分合理地发挥起重机应有的效能,提高劳动生产效率。"快"必须建立在"稳"和"准"的基础上,必须建立在保证安全的前提下。司机在操作塔机过程中,起钩、落钩、转向、变幅、就位应按起重指挥指定的位置准确操作,避免出现失误动作。

除此之外,塔机司机还应具备应变能力,当在操作过程中发生突发事件或事故时,一定要保持平静的心态,临危不乱,具有沉稳的应变处置能力,避免因操作处置不当而引发次生事故或致使事故危害性扩大。

四、塔机司机岗位责任制

(1) 热爱本职工作,爱岗敬业,具有高度安全责任意识。

(2) 认真遵守各项安全技术操作规程及安全施工规程,听从指挥,正确配合,实现安全生产。

(3) 严格执行塔机的安全检查制度,每班认真检查塔机的运行状态,按规定主动维护保养起重机。

(4) 工作时注意力集中，使各项操作安全可靠，交班前认真填写设备运行记录。

(5) 遵章守纪，严格遵守厂矿制定的各项劳动纪律，对违章作业、违章指挥有权制止和拒绝。

(6) 提高主人翁意识，主动与起重作业人员配合，做好协调和服务工作。

第三节 塔式起重机使用安全管理

一、塔机使用的安全管理

1. 塔机安全资料的管理

出租单位、自购塔机的使用单位，应当建立塔机安全技术档案。塔机安全技术档案应当包括以下资料。

(1) 购销合同、制造许可证、产品合格证、制造监督检验证明、安装使用说明书、备案证明等原始资料。

(2) 定期检验报告、定期自行检查记录、定期维护保养记录、维修和技术改造记录、运行故障和生产安全事故记录、累计运转记录等运行资料。

(3) 历次安装记录与验收资料。

2. 塔机在安装前和使用过程的安全管理

发现有下列情况之一的，不得安装和使用。

(1) 结构件上有可见裂纹和严重锈蚀。

(2) 主要受力构件存在塑性变形。

(3) 连接件存在严重磨损和塑性变形。

(4) 钢丝绳达到报废标准。

(5) 安全装置不齐全或失效。

3. 塔机使用单位应当履行的安全职责

（1）根据不同施工阶段、周围环境以及季节、气候的变化，对塔机采取相应的安全防护措施。

（2）制订塔机生产安全事故应急救援预案。

（3）在塔机活动范围内设置明显的安全警示标志，对集中作业区做好安全防护。

（4）设置相应的设备管理机构或者配备专职的设备管理人员。

（5）指定专职设备管理人员、专职安全生产管理人员进行现场监督检查。

（6）塔机出现故障或者发生异常情况时，应立即停止使用，消除故障和事故隐患后，方可重新投入使用。

（7）每月不少于一次对在用的塔机及其安全保护装置、吊具、索具等进行安全检查、维护和保养，并做好记录。

（8）租赁合同对塔机办理的起重机械综合保险、塔机安全检查、维护、保养另有约定的，从其约定。

（9）塔机租赁结束后，使用单位应当将定期检查、维护和保养记录移交出租单位。

（10）使用单位提供的塔机基础，应在塔机安装之前进行地基承载试验，并将合格报告提交塔机安装单位。

（11）塔机在使用过程中需要附着、顶升时，使用单位应当委托原安装单位或者具有相应资质的安装单位按照专项施工方案实施，并组织验收，合格后方可投入使用。

（12）使用单位应对塔机附着或顶升进行安全监控，禁止擅自在塔机上安装非原制造厂制造的标准节和附着装置。

4. 施工总承包单位应当履行的安全职责

（1）向安装单位提供拟安装设备位置的基础施工资料，确保塔机进场安装、拆卸所需的施工条件。

（2）审核塔机的特种设备制造许可证、产品合格证、制造监督检验证明、备案证明等文件。

(3)审核安装单位、使用单位的资质证书、安全生产许可证和特种作业人员的特种作业操作资格证书。

(4)审核安装单位制定的塔机安装、拆卸工程专项施工方案和生产安全事故应急救援预案。

(5)审核使用单位制订的塔机生产安全事故应急救援预案。

(6)指定专职安全生产管理人员监督检查塔机安装、拆卸、使用情况。

(7)施工现场有多台塔机作业时,应当组织制定并实施防止塔机间相互碰撞的安全措施。

5. 监理单位应当履行的安全职责

(1)审核塔机特种设备制造许可证、产品合格证、制造监督检验证明、备案证明等文件。

(2)审核塔机安装单位、使用单位的资质证书、安全生产许可证和特种作业人员的特种作业操作资格证书。

(3)审核塔机安装、拆卸工程专项施工方案。

(4)监督安装单位执行塔机安装、拆卸工程专项施工方案情况。

(5)监督检查塔机的使用情况。

(6)发现存在生产安全事故隐患的塔机,应当要求安装单位、使用单位限期整改,对于拒不整改的安装单位、使用单位,及时向建设单位报告。

二、塔机现场作业环境的安全管理

1. 施工现场安全生产六大纪律

(1)进入现场必须戴好安全帽,扣好帽带;并正确使用个人劳动防护用品。

(2)进入塔机平衡臂或臂杆高处作业时,必须系好安全带,扣好保险钩。

(3)高处作业时,不准往下或向上乱抛材料和工具等物件。

(4) 对于各种电动机械设备必须加设可靠有效的安全接地和防雷装置,方能开动使用。

(5) 不懂电气和机械的人员,严禁使用和摆弄起重机和机电设备。

(6) 非操作人员严禁进入吊装区域内,吊装机具必须完好,臂杆垂直下方不准站人。

2. 季节性安全管理

(1) 暴雨台风前后,应及时检查工地临时设施是否对塔机有不利影响,必要时及时修理加固,有严重危险的应立即排除。

(2) 塔机在夏季作业中应注意对泥石流、山体滑坡、路基塌陷、雷电等的防范。

(3) 夏季作业应保持塔机驾驶室空调工作性能的有效性,调整作业人员的作息时间,避开高温酷暑。

(4) 冬季作业前应做好塔机减速器润滑油换季保养,对塔机电动机采取相应的冬季防雨雪保护措施。

(5) 安装、拆卸、加节或降节作业时,塔机的最大安装高度处的风速不应大于 13 m/s,当有特殊要求时,按用户和制造厂的协议执行。

(6) 塔机的尾部和起重臂端部与周围建筑物及其外围施工设施之间的安全距离应不小于 0.6 m。

(7) 塔机工作时,驾驶室内噪声不应超过 80dB。

(8) 塔机钢结构外露表面不应有存水,封闭的管件和箱形结构内部不应存留水,防止内部锈蚀或冻胀破坏发生。

三、多台塔机作业的安全管理

1. 安全管理策划

当多台塔式起重机在同一施工现场交叉作业时,应提前策划防控措施,确立管理责任人,编制专项方案,采取防碰撞的安全措施。

任意两台塔机的塔身之间的最小架设距离应符合下列规定。

(1) 低位塔机的起重臂端部与另一台塔机的塔身之间的距离不得小于 2 m。

(2) 高位塔机的最低位置的部件（或吊钩升至最高点或平衡重的最低部位）与低位塔机中处于最高位置部件之间的垂直距离不得小于 2 m。

2. 群塔的运行原则

群塔是指两台及以上的塔机在同一区域进行作业，应符合以下运行原则。

(1) 低塔让高塔

低塔机在转臂前，应观察高塔机的运行情况后再运行。

(2) 后塔让先塔

塔机在重叠覆盖区、塔臂交叉区运行时，后进入该区域的塔机应避让先进入该区域的塔机。

(3) 动塔让静塔

在两塔机塔臂交叉区域内作业时，在一塔机塔臂无回转、小车无行走、吊钩无运动，而另一塔机塔臂有回转或小车行走时，动塔机应避让静塔机。

(4) 轻车让重车

在群塔同时运行时，无载荷塔机应避让有载荷塔机。

(5) 客塔让主塔

另一区域塔机在进入他人塔机区域时应主动避让主方塔机。

(6) 同步升降

同一区域施工的塔机尽可能将提升加节时间调整为接近时段，以满足群塔立体施工协调性。

3. 防碰撞控制措施

(1) 在每台塔机大臂最前端顶安装警示红灯，使其在夜间始终保持明亮。

（2）由塔机使用单位技术人员对塔机司机、信号指挥工进行防碰撞安全技术措施交底，并明确各塔之间的安全距离。

（3）在塔机的基础节处悬挂塔机防碰撞警示牌，提高塔机司机防碰撞的安全意识。

（4）两台及以上塔机作业，应配备专职塔机信号指挥工并持证上岗，实行定机、定岗、定司机、定指挥人员。

（5）塔机与信号指挥人员必须配备对讲机，对讲机经统一确定频率后必须锁频，使用人员无权调动频率，且要做到专机专用。

（6）指挥过程中严格执行信号指挥人员与塔机司机的应答制度，即信号指挥人员发出动作指令时，先呼叫被指挥塔机的编号，待塔机司机应答后，信号指挥人员方可发出塔机动作指令。

（7）信号指挥人员必须时刻目视塔机吊钩与吊物，塔机转臂过程中，信号指挥人员还须环顾相邻塔机的工作状态，并发出安全指示语言，安全指示语言必须明确、简短、完整清晰。

（8）信号工必须认真负责、不得擅自离岗，明确信号、正确指挥；塔机司机起重作业必须认真操作，发现对方塔机运行时，另一方应主动避让，防止碰撞。

（9）塔机暂停作业时，吊钩应置于最高处，小车拉到最近点，大臂按顺风向停置；停止作业时，应将吊钩收至后部，防止悬挂的钢丝绳碰挂下位塔机或影响正常作业。

（10）遇5级以上大风、暴雨的天气时，应停止吊卸作业，将吊钩收至后部，松开限位，让其自然旋转。

（11）严禁塔机司机酒后上岗，避免疲劳作业，一般作业时间不超过6 h，要进行换班，尤其是夜间开机，如果通宵或较长时间加班时，必须调班作业，避免人为因素造成安全隐患。

（12）塔机使用单位应坚持安全检查制度，组织对塔机的技术性能、安全装置、人员工作情况等进行检查，加强对塔机的维护保养。

（13）加强对施工现场临电的管理、使用、维护保养工作，避免因突然停电而造成操纵失灵，如需要检修临电线路必须提前通知。

（14）塔机司机、指挥信号工由使用单位安全监管部门负责日常管理，确保塔机安全、正常的运转。

4. 新型塔机防碰撞报警系统

随着科技的发展，一种新型塔机防碰撞报警系统的应用，提高了建筑塔机防碰撞能力，塔机防碰撞报警系统 ACS30L 是现代建筑起重机械的一种安全防护网络群控设备，是集精密测量、人工智能、自动控制等多种高技术于一体的集成电子系统产品。

ACS30L 塔机防碰撞报警系统由报警控制器、角度传感器、幅度传感器、高度传感器、无线通信控制器等构成，如图8—2所示。

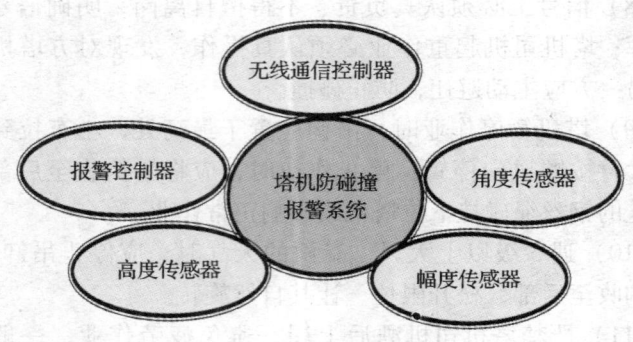

图8—2 塔机防碰撞报警系统示意图

RMS16是塔机防碰撞远程监控系统，是集塔机远程监控、运行状态记录、历史数据追查、塔机事故调查等多种功能于一体的无线传感器网络测控系统装置，应用于群塔机协同交叉作业环境下的现代建筑工地，其所配备的部件如图8—3所示。

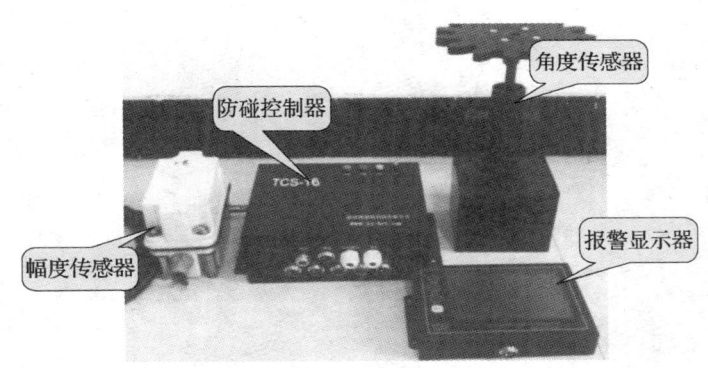

图8—3 塔机防碰撞报警系统配备实物

国产塔机防碰撞报警系统主要特点如下。

（1）系统功能强大，基于实时监测和风险预估的6大类安全防护策略，超过法国、意大利、新加坡现有同类产品水平。

（2）系统性能突出，组网可达72台终端（塔机），响应时间为50~500 ms，处于国际领先水平。

（3）基于ARM的嵌入式终端实时性好、集成度高、体积小、质量轻、功耗低，适于现场快速安装。

（4）支持编码器等高精度数据采集装置，适用于多种塔机传动设备，防碰预警准确度和精度高。

（5）无线组网通信，可动态进入和退出，安装简便，传输速度高。

（6）终端支持图形化界面，具有直观示警装置和多功能键盘，人机交互友好。

（7）地面程序基于虚拟仪器技术设计，可实现远程无线设定塔机参数和实时监控等功能。

（8）系统稳定可靠，设计有力矩自保护、故障自诊断、掉电自保护以及动态分区参数存储功能。

第九章

塔式起重机维修保养及故障排除

塔机的维护保养是保证人机安全，设备正常运行，提高使用周期，减缓塔机故障率的重要举措。

第一节　塔式起重机维护保养

塔机的维护保养是指定期对塔机进行的检查、调整、润滑、紧固、清洁和补给六项工作。主要包括日常维护保养、月检查保养和润滑保养。

一、日常维护保养

日常维护保养是塔机司机的职能职责，即负责在每班前后按使用说明书规定做好维护保养工作，同时对临时出现的故障进行排除和修理。检查主要以目测检查和功能测试为主，检查中发现难以解决的问题时，应及时报告使用单位技术人员组织检修，检修和维护保养情况应当记入交接班记录。

日常维护保养的重点是对主要受力结构件、安全保护装置、工作机构、操纵机构、电气控制系统等进行清洁、润滑、检查、调整、更换易损件和失效的零部件。

日常维护保养应按第七章中"作业前安全操作规定"进行，同时做好以下工作，以达到维护保养的全面性。

（1）检查并保持各机构的清洁，及时清扫各部分灰尘。

(2) 检查并保持各减速器的油量，如低于规定油面高度应及时加油。

(3) 检查并保持各减速器的透气塞通畅，使其能充分排气。

(4) 检查并维护各制动器的操作性能，如不灵敏可靠应及时调整。

(5) 检查各连接处的螺栓，如有松动和脱落应及时紧固和增补。

(6) 检查各种安全装置，如有失灵应及时调整，如有缺陷应及时更换。

(7) 检查各部位钢丝绳，如发现过度磨损或超标情况应及时处理或更换。

(8) 检查各部滑轮运行情况，如发现运行阻滞或影响滑行，应及时处理。

(9) 检查各润滑部位的润滑情况，并及时添加润滑脂。

(10) 检查塔机基础，应无积水状况，塔机附着装置应牢固可靠。

二、月检查保养

塔机每月一次的安全检查保养属于强制性安全检查保养，塔机使用单位应自行执行或与塔机安装单位签订合同委托执行，以确保塔机的安全使用性能，维护保养情况应当及时记入塔机管理档案。

月保养一般应包括以下内容。

(1) 混凝土基础稳固无积水，地脚螺栓、附墙装置稳固可靠。

(2) 塔机结构件整体或局部无塑性变形、裂纹、锈蚀，销孔无塑性变形情况。

(3) 结构件连接部位的销轴、螺栓、定位板、轴、孔磨损等保持无缺陷。

(4) 保持所有的安全装置、防护装置、限制装置完好状态。

(5) 保持制动器正常性能和零部件正常磨损状态。

(6) 保持钢丝绳、滑轮磨损正常和钢丝绳尾端在卷筒固定稳固。

(7) 保持吊钩闭锁装置、吊钩螺母及防松装置正常。

(8) 保持指示装置的可靠性和精度。

(9) 保持电气系统无漏电隐患,行程开关可靠,接地保护电阻符合要求。

(10) 保持液压系统无泄油和漏油现象,必要时补给或更换液压油。

第二节 塔式起重机定期检查与维修

塔机使用单位应根据《起重机械使用管理规则》(TSG Q 5001—2009) 规定,自行组织技术专家或聘请有关机构技术专家对在用塔机至少每月进行一次安全检查评估,使用单位应根据检查评估结果进行整改,并且对其整改结果负责。

当一个工程完成塔机拆卸后,塔机使用单位或塔机出租单位应组织技术人员和专业维修人员进行详细检查,并做好记录。

一、塔机安全检查标准

根据《建筑施工安全检查标准》(JGJ 59—1999) 和《施工现场机械设备检查技术规程》(JGJ 160—2008) 规定的检查内容,塔机使用单位应自行组织对在用塔机至少每月进行一次安全检查,检查可采取评分制,塔机检查评分标准见表9—1。

表 9—1　　　　　塔机检查评分标准

序号	检查项目		扣分标准	应得分数	扣减分数	实得分数
1	保证项目	力矩限制器	无力矩限制器，扣 13 分 力矩限制器不灵敏，扣 13 分	13		
2		限位器	无超高、变幅、行走限位装置，每项扣 5 分 限位器不灵敏，每项扣 5 分	13		
3		保险装置	吊钩无保险装置，扣 5 分 卷扬机滚筒无保险装置，扣 5 分 上人爬梯无护圈或护圈不符合要求，扣 5 分	7		
4		附墙装置与夹轨钳	塔机高度超过规定不安装附墙装置，扣 10 分 附墙装置安装不符合说明书要求，扣 3~7 分 无夹轨钳，扣 10 分 有夹轨钳不用，每处扣 3 分	10		
5		安装与拆卸	未制订安装拆卸方案，扣 10 分 作业队伍没有取得资格证，扣 10 分	10		
6		塔吊指挥	司机无证上岗，扣 7 分 指挥无证上岗，扣 4 分 高塔指挥不使用旗语或对讲机，扣 7 分	7		

续表

序号	检查项目		扣分标准	应得分数	扣减分数	实得分数
7	一般项目	路基与轨道	路基不坚实、不平整、无排水措施,扣3分 枕木铺设不符合要求,扣3分 道钉与接头螺栓数量不足,扣3分 轨距偏差超过规定,扣2分 轨道无极限位置阻挡器,扣5分 高塔基础不符合设计要求,扣10分	10		
8		电气安全	行走塔吊无卷线器或失灵,扣6分 塔吊与架空线路小于安全距离又无防护措施,扣10分 防护措施不符合要求,扣2~5分 道轨无接地、接零,扣4分 接地、接零不符合要求,扣2分	10		
9		多塔作业	两台及以上塔吊作业时无防碰撞措施,扣10分 措施不可靠,扣3~7分	10		
10		安装验收	安装完毕无验收资料或无责任人签字,扣10分 验收单上无量化验收内容,扣5分	10		
检查项目合计				100		

二、塔机的维修

塔机的维修分为小修、中修、大修三个等级，必须由具有相应资质的单位完成。

1．小修（塔机工作 1 000 h 以后进行）

（1）进行日常和每月保养的各项工作。
（2）拆检清洗减速机的齿轮，调整齿侧间隙。
（3）清洗开式传动的齿轮，调整后涂抹润滑脂。
（4）检查和调整回转支撑装置。
（5）检查和调整制动器和安全装置。
（6）检查吊钩、滑轮和钢丝绳的磨损情况，必要时进行调整、修复和更改。
（7）检查电气系统绝缘性和灵敏度，测试接地电阻。
（8）对塔机的结构件焊缝应经常进行检查。

2．中修（塔机工作 4 000 h 以后进行）

（1）进行小修的各项工作。
（2）修复或更改各联轴器的损坏件。
（3）修复或更换制动带。
（4）更换钢丝绳、滑轮等。
（5）检查回转支撑部分各连接螺栓，必要时更换高强度螺栓。
（6）除锈，油漆。

3．大修（塔机工作 8 000 h 以后进行）

（1）进行小修和中修的各项工作。
（2）修复或更换制动轮、制动器等。
（3）修复或更换减速机总成。
（4）修复或更换回转支撑总成。

三、维修与保养注意事项

1. 钢丝绳的维护保养

（1）钢丝绳在使用过程中，应防止打环、扭结、弯折或粘上杂物，防止与机械或其他杂物相摩擦。

（2）塔机安装完毕，使用前应对钢丝绳进行全面润滑。

（3）钢丝绳在首次使用中，发现卷绳扭结时，应采取措施，对其放松缠绕。

（4）钢丝绳的报废，应根据《起重机 钢丝绳 保养、维护、安装、检验和报废》（GB/T 5972—2009）的规定执行。

2. 制动器零件有下列情况之一的应予报废

（1）裂纹。

（2）制动块摩擦衬垫磨损量达原材料厚度的 50%。

（3）制动轮表面磨损量达 2~5 mm。

（4）弹簧出现塑性变形。

（5）杠杆系统空行程超过其额定行程约 10%。

3. 吊钩有下列情况之一的应予报废

（1）用 20 倍放大镜观察表面有裂纹及破口。

（2）钩尾和螺纹部分等危险断面及钩筋有永久性变形。

（3）吊钩与钢丝绳接触承载部位磨损量超过 10%。

（4）心轴磨损量超过其直径的 5%。

（5）开口度比原尺寸增加 15%。

（6）对吊钩缺陷进行了补焊。

4. 卷筒和滑轮有下列情况之一的应予报废

（1）裂纹和轮缘破损。

（2）卷筒壁磨损量达原壁厚的 10%。

（3）滑轮绳槽底的磨损量超过相应钢丝绳直径的 25%。

5. 车轮有下列情况之一的应予报废

（1）裂纹。

(2) 车轮踏面厚度磨损量达原厚度的 15%。

(3) 车轮轮缘厚度磨损量达原厚度的 50%。

6. 安全装置性能的调整或维修

塔机司机必须经常检查安全限制器灵敏程度及有效情况,如发现失灵应及时调整或维修,决不允许将限制器线路拆掉或调大安全系数。

7. 回转支撑装置的保养

(1) 使用中应注意运行声响的变化和回转阻力矩的变化,如有不正常现象应拆检。

(2) 为确保螺栓紧固的可靠性,避免螺栓预紧力的不足,回转支撑工作的第一个 100 h 和 500 h 后,均应分别检查螺栓的预紧扭矩。此后每工作 1 000 h 应检查一次预紧扭矩。

(3) 在回转支撑的齿圈上表面对准滚道的部位均布了 4 个油杯,由此向滚道内添加润滑脂。在一般情况下,回转支撑每运转 50 h 润滑一次。每次必须加足润滑脂,直至从密封处渗出为止。

(4) 回转支撑必须水平起吊或存放,切勿垂直起吊或存放,以免变形。

(5) 齿面工作 10 个班次应清除一次杂物,并重新涂上润滑脂。

(6) 回转支撑的支座(支撑齿圈下底面的支座和置于内座圈上表面的支座)必须有足够的刚度,安装面应平整。装配回转支撑以前应对支座进行去应力处理,以减少回转支撑支座的变形。装配时必须将支座和回转支撑的接触面清理干净。

(7) 回转支撑的支座连接螺栓在完全拧紧以前,应进行齿轮的啮合状况检查,其啮合状况应符合齿轮精度的要求:齿轮副在轻微的制动下运转后,齿面上分布的接触斑点在轮齿高度方向上不小于 25%,在轮齿长度方向上不小于 30%。

(8) 连接回转支撑的螺栓和螺母均采用高强度螺栓和螺

母,并采用双螺母紧固和防松。安装前应在螺栓的螺纹端面涂润滑脂,紧固时应对称均匀多次拧紧,最后一次拧紧应达到规定的力矩。

8. 塔机钢结构的保养

(1) 检查塔机钢结构架体的高强度连接螺栓,防止松动。螺栓松动时应进行扭矩检验,发现松动及时紧固。

(2) 塔机租赁单位应对塔机的钢结构架体及附着装置进行每年不少于一次的保养,或在塔机转场保养中对其进行表面除锈、涂漆。

(3) 对各安全装置在每天作业前进行检查,防止因锈蚀而导致受力构件的强度降低。

(4) 塔机在转场运输过程中,应尽量设法防止其结构件变形和碰撞损坏。

(5) 应对塔机各机构装置安装部位进行定期检查,发现开焊及时补焊。

第三节 塔式起重机故障判断及处置

一、塔机运行中常见故障及排除

塔机运行中常见故障判断和处置方法见表9—2。

表9—2 塔机运行中常见的故障判断和处置方法

部位	故障现象	产生原因	排除方法
钢丝绳	磨损太快	①滑轮不转 ②绳槽与绳径不匹配	①检修或更换滑轮 ②更换钢丝绳或滑轮
吊钩	裂纹、变形、磨损	质量不好	更换

续表

部位	故障现象	产生原因	排除方法
减速器	噪声大	①齿轮回齿合不良，间隙大 ②轴承磨损	①调整或更换齿轮 ②更换轴承
	温升过高	①装配不好 ②润滑油量不合适	①调整 ②增减润滑油
	漏油	①油封失效 ②轴径磨损，分箱面不平	①更换油封 ②修复减速箱壳
制动器	制动失灵	①制动轮与制动瓦间隙大 ②制动轮表面有油污 ③弹簧压力不足	①调整间隙 ②清洗制动轮与制动瓦表面 ③调节或更换
	发热冒烟	制动轮与制动瓦未脱开	调整间隙
回转支撑	转动困难	滚道擦伤，滚子压碎	修磨滚道或更换滚子
铰点销轴	噪声或振动	①缺少润滑油 ②安装不正确	①加油 ②调整
安全装置	失灵	①检测装置失效或损坏 ②行程开关损坏 ③线路故障	①修复或更换 ②修复或更换 ③修复
金属结构	变形、开裂	①超载或加工质量不好 ②碰撞	修复补强或报废
液压件	早期损坏	过滤器损坏或失效	更换
液压泵	压力不足	①泵损坏 ②溢流阀失灵	修复或更换泵、阀
电动机	电动机不转	①电动机烧坏或缺相 ②控制线路故障	①接好三相电源，换电动机 ②修复线路

续表

部位	故障现象	产生原因	排除方法
电动机	声音不正常	①缺相运行 ②定子或转子断路 ③轴承缺润滑脂或磨损	①接好三相电源 ②修复电动机 ③加润滑脂，换轴承
	温升大	①缺相运行 ②超负荷运行或频率过高 ③电源电压低 ④通风不良 ⑤抱闸过紧	①接好三相电源 ②减少超载运行 ③停止工作 ④改普通风 ⑤调节制动器
接触器	经常断电	①辅助触头压力大 ②接触不良	①调整压力 ②修磨触头
集电环	经常断电	电刷与滑环接触不良	修复或更换
电缆卷筒	经常断电	电刷与滑环接触不良	修复或更换
线路	不执行或执行不符	①断线、混线 ②接触器、断电器失灵 ③安全开关未接通 ④过电流电器失灵	逐项检查，并予以相应修理
主令控制	手柄转不动	卡住	检修

二、金属结构缺陷的判断及处置

金属结构缺陷的判断和处置方法见表9—3。

表9—3　　　　金属结构缺陷的判断和处置方法

序号	故障现象	故障原因	处置方法
1	焊缝和母材开裂	超载严重，工作过于频繁以致产生较大的疲劳应力，焊接不当或钢材存在缺陷等	严禁超负荷运行，经常检查焊缝，更换损坏的结构件

续表

序号	故障现象	故障原因	处置方法
2	结构件变形	结构件内阴角有积水,运输吊装时发生碰撞,安装拆卸方法不当	保持结构件内阴角无积水,结构件运输中保持无碰撞,确保安装拆卸无碰撞
3	高强度螺栓连接松动	高强度螺栓等级不够,预紧力矩不够	按规定等级选择高强度螺栓,按规定力矩拧紧高强度螺栓,并定期检查,紧固
4	销轴退出或脱落	开口销未打开,致使销轴退出	检查,打开开口销
5	塔机基础节腐蚀	塔机基础节积水	检查,排水,防腐处理

三、钢丝绳、滑轮故障的判断及处置

钢丝绳、滑轮故障的判断和处置方法见表9—4。

表9—4　钢丝绳、滑轮故障的判断和处置方法

序号	故障现象	故障原因	处置方法
1	钢丝绳磨损不正常	钢丝绳滑轮磨损严重或者无法转动	检修或更换滑轮
		滑轮槽与钢丝绳直径不匹配	调整使之匹配
		钢丝绳穿绕不准确、啃绳、爬绳	重新穿绕、调整钢丝绳
2	滑轮异响	滑轮偏斜或移位,滑轮润滑不良	调整滑轮间隙与位置,保持润滑

续表

序号	故障现象	故障原因	处置方法
3	钢丝绳经常脱槽	钢丝绳与滑轮不匹配	更换合适的钢丝绳或滑轮
		防脱装置不起作用	检修钢丝绳防脱装置
4	滑轮不转及松动	滑轮缺少润滑,轴承损坏	经常保持润滑,更换损坏的轴承

四、电气系统故障的判断及处置

电气系统故障的判断和处置方法见表9—5。

表9—5　　电气系统故障的判断和处置方法

序号	故障现象	故障原因	处置方法
1	电动机不运转	缺相	查明原因
		过电流继电器动作	检查,调整,复位
		空气断路器失灵	检查,复位,更换
		定子回路断路	检查拆修电动机
2	电动机有异响	相间轻微短路或转子回路缺相	查明原因,正确接线
		电动机轴承破损	更换轴承
		转子回路的串接电阻断开,接地	更换或修复电阻
		转子碳刷接触不良	更换碳刷
3	电动机温升过高	电动机转子回路有短路现象	检查测量电动机转子回路
		电源电压低于额定值	暂停工作
		电动机冷却风扇损坏	修复风扇
		电动机通风不良	改善通风条件
		电动机转子缺相运行	查明原因,接好电源
		定子、转子间隙过小	调整定子、转子间隙

续表

序号	故障现象	故障原因	处置方法
4	电动机烧毁	操作不当,低速运行时间较长	缩短低速运行时间
		电动机老化,定子铁心损坏	予以报废
		电动机接线装置损坏漏电,使转子烧毁	修复接线装置和电阻
		电压过高或过低	检查供电电压
		转子运转失衡,碰擦定子	更换转子轴承
		主回路电气元件损坏或线路短路、断路	检查修复主回路电气元件或线路
5	电动机输出功率不足	线路电压过低	暂停工作
		电动机缺相	查明原因,正确接线
		制动器没有完全松开	调整制动器
		转子回路断路、短路、接地	检修转子回路
6	按下启动按钮,主接触器不吸合	工作电源未接通	检查塔机电源开关箱,接通电源
		电压过低	暂停工作
		过电流继电器辅助触头断开	查明原因,复位
		主接触器线圈烧坏	更换主接触器
		操作手柄不在零位	将操作手柄归零
		主启动控制线路断路	排查主启动控制线路
		启动按钮损坏	更换启动按钮
7	控制线路开关自动断开	控制回路线路短路、接地	排查控制回路线路

续表

序号	故障现象	故障原因	处置方法
8	接触器噪声大	衔铁心表面积尘	清除表面污物
		短路环损坏	更换修复
		主触点接触不良	修复或更换
		电源电压较低，吸力不足	测量电压，暂停工作
9	吊钩只下降不上升	起重量、高度、力矩限制器误动作	修复、调整或更换限位装置
		起升控制线路断路	排查起升控制线路
		接触器损坏	更换接触器
10	吊钩只上升不上降	下降控制线路断路	排查下降控制线路
		接触器损坏	更换接触器
11	回转只朝同一方向动作	回转限位误动作	重新调整回转限位
		回转线路断路	排查回转线路
		回转接触器损坏	更换接触器
12	变幅只向后不向前动作	变幅限位误动作	调整或更换变幅限位装置
		变幅向前控制线路断路	排查变幅向前控制线路
		变幅接触器损坏	更换接触器
13	变幅只向前不向后动作	变幅向后控制线路断路	排查变幅向后控制线路
		变幅接触器损坏	更换接触器
14	带涡流制动器的电动机低速挡速度变快	整流器击穿	更换整流器
		涡流线圈烧坏	更换或修复线圈
		线路故障	检查，修复
15	塔机工作时经常跳闸	漏电保护器误动作	检查漏电保护器
		线路短路、接地	排查、修复线路
		工作电源电压过低或压降较大	测量电压，暂停工作

五、液压系统故障的判断及处置

液压系统故障的判断和处置方法见表9—6。

表9—6　　　　液压系统故障的判断和处置方法

序号	故障现象	故障原因	处置方法
1	顶升时颤动且噪声大	液压系统中混有空气	排气
		液压泵吸空	加液压油
		机械机构、液压缸零件配合过紧	检修，更换
		系统中内漏或油封损坏	检修或更换油封
		液压油变质	更换液压油
2	带载后液压缸下降	双向液压锁或节流阀不工作	检修，更换
		液压缸泄漏	检修，更换密封圈
		管路或接头漏油	检查，排除，更换
3	带载后液压缸停止升降	双向液压锁或节流阀失灵	检修，更换
		与其他机械机构有挂卡现象	检查，排除
		手动液控阀、溢流阀损坏	检查，更换
4	顶升缓慢	单向阀流量调整不当或失灵	调整检修或更换
		油箱液位低	加液压油
		液压泵内漏	检修
		手动换向阀换向不到位或阀泄漏	检修，更换
		液压缸泄漏	检修，更换密封圈或油封
		液压管路泄漏	检修，更换
		液压油温过高	停止作业，冷却系统
		油液杂质较多，滤油网堵塞影响吸油	清洗滤网，过滤或更换液压油

续表

序号	故障现象	故障原因	处置方法
5	顶升无力或不能顶升	液压油箱存油过低	加液压油
		液压泵反转或效率下降	调整，检修
		溢流阀卡死或弹簧断裂	检修，更换
		手动换向阀换向不到位	检修，更换
		油管破损或漏油	检修，更换
		滤油器堵塞	清洗，更换
		溢流阀调整压力过低	调整溢流阀
		液压油进水或变质	排水，更换液压油
		液压系统排气不完全	排气
		其他机构干涉顶升机构正常工作	检查、排除影响因素

六、起升机构故障的判断及处置

起升机构故障的判断和处置方法见表9—7。

表9—7　　起升机构故障的判断和处置方法

序号	故障现象	故障原因	处置方法
1	卷扬机构异响	接触器缺相或损坏	更换接触器
		减速机齿轮磨损，啮合不良，轴承破损	更换齿轮或轴承
		联轴器连接松动或弹性套磨损	紧固螺栓或更换弹性套
		制动器损坏或调整不当	更换或调整制动装置
		电动机故障	排除电气故障
2	吊物下滑（溜钩）	制动器制动片间隙调整不当	调整间隙
		制动器制动片磨损严重或有油污	更换制动片，清除油污
		制动器推杆行程不到位	调整行程

续表

序号	故障现象	故障原因		处置方法
3	制动副脱不开	闸瓦式	制动器液压泵电动机损坏	更换电动机
			制动器液压泵损坏	更换元件
			制动器液压推杆锈蚀	修复或更换元件
			机构间隙调整不当	按规定调整机构间隙
			制动器液压泵油液变质	更换新液压油
		盘式	间隙调整不当	调整间隙
			制动线圈电压不正常	检查线路电压
			离合器片破损	更换离合器片
			制动线圈损坏或烧毁	更换制动线圈

七、回转机构故障的判断及处置

回转机构故障的判断和处置方法见表9—8。

表9—8　　　回转机构故障的判断和处置方法

序号	故障现象	故障原因	处置方法
1	回转电动机异响，回转无力	液力耦合器漏油或油量不足	检查、修堵、补充液力耦合器油液
		液力耦合器损坏	更换液力耦合器
		减速机齿轮或轴承破损	更换齿轮或轴承
		液力耦合器与电动机连接的胶垫破损	更换胶垫
		电动机故障	查找电气故障

续表

序号	故障现象	故障原因	处置方法
2	回转支撑有异响	大齿圈润滑不良	加油润滑
		大齿圈与小齿轮啮合间隙不当	调整间隙
		滚动体或隔离损坏	更换损坏部件
		滚道面点蚀、剥落	修整滚道
		高强度螺栓预紧力不一致,差别较大	调整预紧力
3	臂架和塔身扭摆严重	减速器故障	检修减速器
		液力耦合器油量、油压过大	调整液力耦合器油量、油压
		齿轮啮合或回转支撑不良	修整

八、变幅机构故障的判断及处置

变幅机构故障的判断和处置方法见表9—9。

表9—9　　变幅机构故障的判断和处置方法

序号	故障现象	故障原因	处置方法
1	回转电动机有异响,回转无力	减速器齿轮或轴承破损	更换
		减速器缺润滑油	查明原因,加润滑油
		钢丝绳过紧	调整钢丝绳松紧度
		联轴器弹性套磨损	更换
		电动机故障	查找电气故障
		小车滚轮轴承或滑轮破损	更换

续表

序号	故障现象	故障原因	处置方法
2	回转支撑有异响	钢丝绳穿绕过紧	重新适度张紧
		滚轮轴承润滑不良,运动偏心	修复
		轴承损坏	更换
		制动器损坏	检查,修复,更换
		联轴器连接不良	调整,更换
		电动机故障	查找电气故障

九、行走系统故障的判断及处置

行走系统故障的判断和处置方法见表9—10。

表9—10　　　　行走系统故障的判断和处置方法

序号	故障现象	故障原因	处置方法
1	运行时啃轨严重	轨距铺设不符合要求	按规定调整轨距
		钢轨规格不匹配,轨道不平直	按标准选择钢轨,调整轨道
		台车框轴转动不灵活,轴承润滑不良	保持轴承润滑,运行正常
		啃轨严重,阻力较大,轨道坡度较大	重新校准轨道
		轨道轨距误差大	调整轨道轨距
2	驱动困难	行走驱动装置损坏	修复、更换行走驱动装置
		轴套磨损严重,轴承破损	更换
		电动机故障	查找电气故障
3	停止时晃动过大	延时制动失效,制动器调整不当	调整,修复
4	大车行走异响不同步	台车行走电动机不同步	更换同型号电动机,保持转速一致

第十章 塔式起重机易发事故成因及预防

塔机在建筑施工领域广泛应用的同时,其安全事故也频频发生,究其原因,与安全操作、安全管理、事故预防密切相关。因此,做好事故预防是避免常见事故重复发生,使塔机安全运行的重要保证。

第一节 塔式起重机安全事故成因分析

任何事故的形成都离不开人、物、管理、环境四个方面的因素。塔机起重伤害事故成因分析也不例外。

一、人的不安全行为

1. 司机不安全行为

(1) 司机未取得合法有效的岗位资格上岗作业,或证件未按规定复审,或取得证件后长时间没有上岗作业,操作技术不熟练。

(2) 司机未进行安全培训或培训考核不合格,安全意识低下;或吊装之前未进行安全技术交底,盲目操作。

(3) 司机在健康状况异常、心理异常、情绪异常情况下,或受家庭、单位影响因素干扰,情绪波动,精力难以集中,感知延迟,辨识错误,思维判断与动作失误增多。

(4) 司机长时间连续作业,在心理或生理上存在负荷超限,包括体力负荷超限、听力负荷超限、视力负荷超限等，出现疲劳困顿、注意力分散、心烦意乱等现象，从而容易误操作。

（5）司机违反安全操作规程，违反"十不吊规定"，违反塔机使用说明书要求，违反安全技术交底规定操作，极易导致事故发生。

（6）司机缺乏对塔机操作中危险性的警惕，对吊物质量不清，在吊物下有人行走等不利因素环境下操作。

（7）司机明知塔机安全装置存在缺陷，或附着装置、轨道操作存在缺陷，却未采取措施继续作业。

（8）作业前未按规定进行检查或试运行，发现事故隐患未报告又不排除，致使塔机带病运转，增加事故发生的可能性。

（9）司机操作中动作幅度过大，猛起猛落，运行不平稳，容易出现摆钩和物体打击事故。

（10）司机未履行岗位职责，未按规定对塔机进行安全检查和保养，难以保证塔机正常安全运行。

（11）司机下班后未将臂杆置于自由转动状态，未将塔机轨道夹轨器锁定，易发生倒塔事故。

（12）司机未履行交接班制度，缺乏运行记录、故障与排除记录、修理维护记录等原始资料，致使接班司机不明塔机安全状况，盲目操作。

2. 司索信号工不安全行为

（1）司索信号工未取得有效资格上岗作业，或资格证件未经复审继续作业。

（2）司索信号工未进行安全技术交底，而直接进行起重指挥作业。

（3）司索信号工使用不符合规定的吊、索具，或吊物未捆绑牢固，而指挥起吊。

（4）司索信号工不按规定使用指挥信号，指挥信号混乱或错误指挥。

(5) 司索信号工在起重物体质量不明的情况下起吊。

(6) 司索信号工在对塔机机械性能不了解的情况下指挥起吊。

(7) 司索信号工违反起重"五不挂"规定，起吊重物。

3. 塔机安装拆卸人员不安全行为

(1) 塔机安装拆卸人员未取得有效资格上岗作业，或资格证件未经复审继续作业。

(2) 塔机安装拆卸人员未经专业培训，未掌握安装拆卸技术要领，便上岗盲目蛮干。

(3) 塔机安装拆卸人员未按塔机安装拆卸施工专项方案或技术交底进行施工。

(4) 塔机安装拆卸人员未正确使用个人防护用品，在高处作业未系安全带。

(5) 塔机安装拆卸人员违章作业，在穿绕钢丝绳时，擅自减少起重倍率，增大钢丝绳拉力，在起吊钢丝绳末端固定处，未采取防剪切保护措施等。

(6) 塔机安装拆卸人员在塔机顶升时未按规定操作，顶式横梁搁置错误，已拆卸的标准节未引到规定搁置区，两个爬爪工作不同步等。

二、物的不安全状态

1. 安全装置缺陷

(1) 塔机未按规定申报检验即投入使用，缺乏使用合法性。

(2) 塔机安全装置不齐全、性能不达标，缺乏使用可靠性。

(3) 塔机安装后未进行自检验或性能试验即投入使用，缺乏使用合规性。

(4) 小车变幅式塔机力矩限制器的力矩被无限调大，失去了限制力矩的作用。

(5) 塔机无障碍灯、无灭火器、无风速仪，警铃音量不够。

(6) 动臂式塔机无起重力矩限制器,无幅度限位,无防后倾保护装置。

(7) 塔机各部运行的电动机外壳未按要求进行保护接零。

2. 主要零部件缺陷

(1) 主要零部件磨损严重,甚至达到报废标准仍在使用。

(2) 标准节连接螺栓的螺母松动,用铁钉、钢筋代替开口销,或销轴上连接插开口销的销孔未打开。

(3) 钢丝绳断丝严重,磨损严重,爬绳、啃绳现象严重,超标使用。

(4) 吊钩无闭锁装置使用,吊钩出现疲劳裂纹,开口度增大,危险断面磨损超过标准。

(5) 滑轮轴磨损超标,轮缘缺损或有裂纹。

3. 机械部分缺陷

(1) 制动器调整不当,过紧增加电动机负荷,过松起不到制动作用。

(2) 制动器失灵或打滑,制动片磨损过大,未及时修复更换。

(3) 行走式塔机车轮安装偏差大,产生不均匀磨损或轨道铺设平整度差,出现啃轨现象。

(4) 行走式塔机行走传动系统偏差过大,车架变形或倾斜。

(5) 变幅小车行走轮磨损严重,滚轮轴承润滑不良。

4. 金属结构缺陷

(1) 塔机塔身、吊臂、平衡臂长期受外力影响,容易变形、脱焊。

(2) 塔机长期露天作业,风吹雨淋日晒,保养滞后致使其金属结构锈蚀严重。

(3) 塔机塔帽长期承受较大的弯矩力,使塔帽主弦杆根部和与之相连的支撑面板产生裂纹。

(4) 塔机附属装置的走台、平台、栏杆部分受外力影响,易变形、脱焊。

5. 电气方面缺陷

（1）塔机接地不合格，达不到规定的电阻值要求。

（2）塔机未使用专用开关箱，与其他机械共用同一开关箱。

（3）塔机电气控制箱内的电气控制组件损坏严重，电气元件的固定不牢固，未及时检查维修。

（4）塔机电气动力电缆与照明电线未分别设置，电缆或电线与塔机未采取固定措施。

（5）塔机电气保护系统失灵，未设置应急措施。

三、管理不到位

（1）塔机未取得安全检验合格证，未进行使用登记或注册登记，即投入使用。

（2）塔机与高压线路之间未达到规定距离，又未采取有效的防护措施。

（3）两台及以上塔机作业未制订防碰撞专项施工方案，或方案不具备可行性，塔机之间的作业安全措施无可靠性。

（4）塔机周边存在积水，致使塔机基础有积水，引起地基不均匀下沉。

（5）塔机压重不足，塔机本身稳定性不足。

（6）塔机安装队伍无相应有效资格，未履行安装告知手续即从事塔机安装。

（7）塔机安装拆卸前，未编制安装拆卸施工方案，或起重吊装方案未经审核批准。起重吊装方案编制不合理或对物体重量计算有误，未对施工人员进行安全技术交底。

（8）塔机安装作业人员未经培训考核，未取得特种设备作业人员资格证书就被安排进行塔机的安装拆卸作业。起重作业人员未取得特种设备作业人员操作资格证书即上岗。

（9）塔机安装作业人员安全意识淡薄，并缺乏自我防护能力，经常出现习惯性违章行为。

（10）夏季未做好防暑降温工作，未根据季节变化及时调整作业时间，冬季未做好防冻保暖工作。

（11）未制订塔机安全检查、维修、保养制度，未及时对塔机进行检查、维修、保养。对查出的事故隐患未按定人、定时间、定措施的三定原则进行整改。

（12）在无有效保护措施的情形下，大雪、大雾、雷雨、6级以上大风等恶劣天气仍进行露天起重吊装作业。

（13）设备使用单位未按规定给高处作业的司索信号工和塔机司机配备通信设备（对讲机），致使起重指挥信号模糊不清。

（14）设备使用单位未对塔机作业区域设置"危险源告知牌"或"安全警示标识"，可能致使区域内留有行人。

（15）塔身、平衡臂、起重臂悬挂标语与广告牌，降低了塔机抗风载抵御能力。

四、环境影响因素

（1）塔机长期在风吹雨打、日晒夜露与寒冰大雪等恶劣环境下作业。

（2）塔机有时在天气阴暗、照明不足的状态下作业。

（3）塔机本身产生的噪声和施工现场的噪声的影响。

（4）多台塔机在同一区域作业，相互影响较大。

第二节　塔式起重机安全事故及预防措施

一、塔机作业中可能发生的事故

根据《企业职工伤亡事故分类》（GB 6441—1986）规定，

从事塔机作业常见的事故种类有物体打击、起重伤害、机械伤害、高处坠落、触电5种类型。

1. 物体打击事故

指从事特种设备作业活动过程中物体在重力或其他外力的作用下产生运动打击人体，造成人身伤害事故。包括塔机倾覆机体伤人，吊物捆绑不牢靠、吊物中心偏载物体滑落伤人，以及吊具、吊钩防脱钩有缺陷，塔机变幅、起升钢丝绳与滑轮组有缺陷等原因可能造成物体从高处坠落，塔机上工具、零部件、悬浮物从高空坠落导致人身伤害事故。

2. 起重伤害事故

指在使用或安装塔机作业中发生挤压、坠落、物体打击和触电事故。包括因超载、失稳、倾覆、过卷等产生结构断裂、倾倒，造成断臂、摔臂，或因操作失误或机械失灵造成塔机臂杆倒塌伤人等事故。

3. 机械伤害事故

指塔机在运动过程中与人体接触引起的夹击、碰撞、剪切、卷入、绞、碾、割、刺等事故。包括司机维护保养和安装拆卸作业中过失造成挤伤、压伤、击伤等机械伤害事故。

4. 高处坠落事故

在从事高处作业（高度为基准面2 m以上，含2 m）时造成的坠落事故，均称为高处坠落事故。包括塔机司机或安装人员未按规定系好安全带，在塔机安装或维护中从高处坠落的事故。

5. 触电事故

指塔机作业过程中发生与高压电接触，或维修、拆除、安装作业人员与电接触而导致人身伤害触电事故。包括塔机电气设施漏电、雷电伤害事故。

二、塔机作业事故预防措施

1. 物体打击事故预防

（1）正确捆绑吊物。对吊物实施捆绑应由起重司索人员进行，捆绑吊挂方法应正确，吊物钢丝绳夹角不宜过大，过长的吊物应采用平衡梁，捆绑钢丝绳应加设保护装置，以防止钢丝绳被磕断，禁止在起吊物体上放置其他小型物件。

（2）正确选择吊索具。吊索具必须具备规定的安全系数，正确选择平吊与立吊的吊具，吊钩应具备安全性，吊钩应有可靠的防脱钩装置。

（3）严禁超载荷吊装。塔机超载荷运行极易造成臂杆和塔身的结构件变形或折臂事故，也会造成拉断吊索具事故，致使损坏构件直接打击到人体。

（4）防止机体倾翻。塔机整机倾覆也会造成物体打击事故的发生，预防此类事故关键要在塔机安装、拆卸过程中杜绝"四违现象"，即违反操作规程、违背施工方案、违章指挥、违章作业。

（5）保持塔机基础稳固。塔机抗倾覆能力关键在于塔机基础，因此要严格按使用说明书的要求制作塔机基础，防止偷工减料、降低混凝土的等级，平时要防止塔机基础附近的开挖而导致的滑坡位移，防止基础积水而产生不均匀的沉降等。

（6）保持多塔作业安全距离。要严格按照多台塔机运行控制方案实施，司机操作不允许突破运行控制原则，作业过程中应防止吊物或起吊钢丝绳相互碰挂、缠绕，防止塔机相互牵拉而失稳致使物体受打击。

（7）保持高塔附墙装置的安全可靠。严格按设计要求安装附着装置，必须安装原制造商制造的标准节和附墙装置，防止因附着装置或标准节缺陷而发生物体打击事故。

2. 起重伤害事故预防

（1）提高人的安全意识，推进规章制度执行力，减少人的不安全行为。

（2）多台设备应组织制定防止相互碰撞的措施，塔机之间的最小架设距离应不小于 2 m。

(3) 设备顶升(锚固)应委托有资质的安装单位实施。
(4) 基础施工符合整机安全要求,并有良好的排水措施。
(5) 塔机预埋螺栓应有产品合格证,预埋和连接应符合要求。
(6) 塔身与基础平面的垂直度应不大于4/1 000。
(7) 塔机金属结构应无开焊、裂纹及永久性变形。
(8) 塔机金属结构连接销轴使用方法应正确,且应安装齐全、紧固,应有可靠的轴向止动措施。
(9) 塔机各种制动装置应符合技术要求。
(10) 吊钩禁止补焊,吊钩表面不应有裂纹、破口、凹陷等可见缺陷,吊钩应有防钢丝绳脱钩的保险装置。

3. 机械伤害事故

(1) 按规定每月组织对塔机进行检查和维修,消除隐患。
(2) 塔机安装后应报检验,检验合格后方准投入使用。
(3) 塔机平衡重的数量、质量以及安装位置应符合使用说明书要求,平衡重在塔机上的固定应牢固,工作时不位移、不晃动。
(4) 附着装置与建筑物连接应可靠,当附着距离大于使用说明书要求时,应进行设计验算,并经专家认可。
(5) 自升式塔机爬升支撑座、顶升支撑梁、爬爪应无变形和可见的裂纹等缺陷。
(6) 塔机主要结构件连接用高强度螺栓的性能等级、规格应符合使用说明书要求,并应有足够预紧力矩,有防松措施,螺栓头应高出螺母平面2牙。
(7) 自升塔机液压顶升系统必须配置可靠的平衡阀或液压锁,且连接可靠,无渗漏油现象。
(8) 高度限位器、力矩限制器、起重量限制器、小车断绳保护装置、吊钩保险装置等应齐全有效并有试验记录。
(9) 钢丝绳的规格、型号及穿绕方式应符合使用说明书的要求，钢丝绳出现断丝、断股现象或达到报废标准应更换。

（10）钢丝绳在卷筒上的排列应整齐，无跳槽、交叠现象，当吊钩处于最高位置时，卷筒两侧边缘顶部距卷筒上最外层钢丝绳之间的距离，不应小于钢丝绳直径的两倍。

（11）钢丝绳绳端固定应符合要求。

（12）防钢丝绳跳槽的装置应符合要求。

（13）卷筒和滑轮的使用应符合要求，卷筒与过渡滑轮外观不应有裂纹破损。

4. 高处坠落事故预防

（1）塔机安装维修人员必须正确使用安全防护用品，系安全带，挂安全绳。

（2）司机进入塔机平衡臂或高处区域进行安全检查时，应系安全带。

（3）高处作业中，使用单位安全管理人员应在现场监控，并采取防范措施。

（4）塔机安拆或顶升加节中，施工现场应设置危险源告知牌和安全警戒绳。

5. 预防触电（电击）措施

（1）塔机与障碍物、输电线路的安全距离应符合要求。

（2）设置专用开关箱和控制系统，金属结构的接地、防雷应符合规范要求。

（3）在高压输电线区域施工要采取安全隔离措施。

（4）失压保护、零位保护、过流保护、相序保护符合规范要求。

（5）在高压输电线区域施工时，应有安全管理人员现场监控。

（6）在驾驶室内设置防护绝缘垫板，防止漏电。

（7）保持电气设施无缺陷和电线电缆无破皮漏电迹象。

第三节 塔式起重机安全事故应急处置

一、事故源头管理

常见事故的处置方法必须从根本上、源头上考虑,通过事故案例举一反三,将事故处置和预防措施逐项落实。

1. 健全制度

要建立和健全塔机安全管理岗位责任制,塔机安全技术档案管理制度,塔机司机、指挥作业人员、起重司索人员安全操作规程,塔机安装、维修人员安全操作规程,塔机维修保养制度等,要分工明确,落实责任,奖罚分明。

2. 加强培训教育

要对塔机作业人员进行安全技术培训考核,按照国家有关技术标准,对塔机司机、指挥作业人员、起重司索人员进行安全技术培训考核,提高其安全技术素质,做到持证上岗作业。

3. 实行系统安全管理

塔机安全管理是一个比较复杂的系统工程,必须对塔机的安装、使用、维修等进行全过程的管理工作,做到科学、全面、规范、有序。保持塔机使用安全可靠,维修保养及时周到,安装拆卸工序和关键节点符合设计要求。

4. 建立质量保障体系

依据《特种设备制造、安装、改造、维修质量保证体系基本要求》(TSG Z0004—2007)的要求,企业应建立塔机质量保证体系,并保持有效运行。

5. 强化安全监察力度

各级质监部门和建筑行政主管部门要依据国家有关安全法

规、标准的规定,加强对塔机的安全监察,严把"六关"。即严格塔机产品质量出厂关;严格塔机备案登记和特种设备注册关;严格塔机安装维修行政许可关;严格塔机定期检验关;严格塔机安全检验审核关;严格塔机事故处置关。

6. 把握安全"五要素"

起重安全"五要素"是指:确保人的安全行为准确性;确保塔机的安全可靠性;确保作业环境的安全符合性;确保被吊物体和吊具的稳固性;确保起重吊装方法的正确性和起重司机相互配合的默契性。

二、事故应急处置方式

1. 塔机机体失稳倾翻事故

(1) 原因判断

地基承载能力下降,局部下沉机体失偏倾斜;两塔机抬吊时指挥或操作不当重力失衡;机体在斜坡作业或垫护不牢,塔机失稳。

(2) 救援措施

查看现场有无人员伤害,若有伤者应立即采取相应措施抢救,联系就近医院或120急救中心;塔机处于倾翻状态前,疏散危险区域人员,封堵道路通行,采取压顶、吊、拉的方式控制机体倾翻;塔机处于倾翻状态后,采取顶、拉、支护等措施防止倾翻程度加大;就近租用或内部调派相应能力的吊车现场救助扶正机体;排除造成机体倾翻的因果条件。

2. 塔机臂杆倒塌折杆事故

(1) 原因判断

钢丝绳跳出滑轮卡断拽倒臂杆;钢丝绳断丝磨损超标变幅时失控臂杆自由下垂倒地;重负荷降落臂杆变幅制动失灵臂杆加速下降折断;起重臂杆放落或起升时操作不当或机械缺陷折断臂杆。

（2）救援措施

查看现场有无人员伤害，若有伤者应立即采取相应措施抢救，联系就近医院或120急救中心；采取吊、拦、顶的方式，控制、抢救被损塔机和设施；更换损坏臂杆，检查修复被损部件和设施，恢复施工；排除造成臂杆倒折的因果条件。

3. 塔机臂杆后倾折翻事故

（1）原因判断

轨道动臂式塔机行走时臂杆仰角过大，地基不明原因地突然下沉，致使臂杆猛然后倾折翻；起重臂杆仰角过大，吊重物时由于惯性力的作用致使吊具失灵，起重臂杆仰角过大，塔机行走轨道凹凸不平，机体后倾带翻臂杆。

（2）救援措施

查看现场有无人员伤害，若有伤者应立即采取相应措施抢救；联系就近医院或120急救中心；采取吊、拉、提、顶的方式控制、抢救被损塔机和设施；修复被损设备和设施，恢复施工；排除不利因素，保证塔机行驶安全。

4. 塔机臂杆触电事故

（1）原因判断

塔机臂杆或钢丝绳与高压电弧安全距离不够；两塔机抬物指挥或操作失误或失控；顺风向操作时没有加大电弧安全距离控制系数。

（2）救援措施

尽快切断电源，禁止车辆及人员通过；抢救受伤人员，联系救护医疗医院或联系120急救中心；断电、救人后，抢救被损设施，全面检查设备，确保安全后恢复施工。

第四节　塔式起重机倾覆事故案例分析

一、事故简介

在某花园工地，某建筑公司机运站私招 5 名工人，拆除一台 QTG40 型塔机，导致起重臂、平衡臂、顶升套架、回转机构、塔顶等部件从 30 m 高处坠落，造成 3 人死亡、1 人受伤、塔机几乎报废的重大机械事故，如图 10—1 所示。

图 10—1　塔机起重臂倾覆事故

二、事故发生经过

在某花园工地,需拆除一台 QTG40 型塔机。此台塔机产权拥有者李某,将塔机的拆除工程承包给某建筑公司机运站维修安装电工石某,石某私招 5 名工人进行拆卸。当拆卸到第十一个标准节并将第一个标准节降到地面后,在塔机未进行调整平衡力矩的情况下,司机徐某违章做出回转动作和变幅小车向内运行的动作,并调整顶升套架滚轮与塔机之间的间隙。此时另一名安装工人开动了液压顶升系统进行顶升,液压油管突然爆裂,平衡臂折断后砸向塔身后部,造成塔身剧烈晃动,致使顶升外架结构部分严重变形,失去支撑能力,继而塔机起重臂、回转机构、顶升套架、塔顶等部件整体坠落,塔身折断。在顶升套架作业的人员,除 1 人幸免外,其余 4 人 3 死 1 伤,酿成悲剧。

三、事故原因分析

1. 技术方面

在塔机未进行调配平衡力矩的情况下,司机违章做出回转动作和变幅小车向内运行的动作,造成起重臂与配重臂的前后力矩不平衡。此时另一名安装工人开动了液压顶升系统进行顶升,在塔机力矩不平衡的情况下顶升作业,加大了塔身的不稳定性,导致液压油管突然爆裂,平衡臂折断后砸向塔身后部,造成塔身剧烈晃动,致使顶升外架结构部分严重变形,失去支撑能力,继而塔机起重臂、回转机构、顶升套架、塔顶等部件整体坠落,塔身折断。这是此次事故的技术原因。

2. 管理方面

按照规定,安装塔机应由具有相应资质条件的施工单位承担,并设指挥人员,作业前应编制方案。而该项工程的操作人员无专业知识,无从事这一特种工作的能力和经验,野蛮操作,严重违反操作规程；现场无监管、无指挥，致使司机与操纵顶升机构的人员同时违章操作。

四、事故的结论与教训

这是一起严重违法和违章引起的事故。

（1）产权者无视法规将任务承包给无能力、无资质的个人，应负主要责任。

（2）施工组织者严重违法，盲目组织人员进行作业，应负主要责任。

（3）司机与操作者无专业知识，野蛮操作，二人同时违章，酿成死亡事故，教训惨痛。

（4）现场无监督管理和指挥协调，管理混乱，各工种操作随意，工程管理人员应负管理责任。

上述四种危险因素同时存在，致使这起事故的发生成为必然，教训十分深刻。

五、事故的预防对策

塔机的安装与拆卸是一项危险性高且专业技术要求很强的工作，必须由具有相应资质、专业知识和经验的队伍来完成。各种塔机的构造形式、安装要求均有所不同，所以除了有专业知识外，还必须认真查看图样和说明书，有针对性地制订拆卸方案、进行必要的培训，做好安全防护。实施过程中制订严密的工作程序，统一指挥，各司其职。每进行一项工作应有专人负责监督管理和严格验证，不允许出现任何非程序规定的误动作，只有这样才能保证安全。

六、专家点评

从技术和安全的专业角度审视这起事故，该事故的发生是必然的。塔机的安装、拆卸、操作是专业性很强及危险性很高的工作,因此,国家、行业制定了严格的规章制度,对从事此项工作实行了市场准入制度,对从业人员实行了资质考核制度。但该起事故的所有当事人均无视法律法规和技术条件要求,不具备从业资格。随着高层建筑的增加和施工工艺的变化,塔机的安装与拆卸日益频繁,本次事故的原因在许多施工企业中存在,这是导致我国近年来塔机事故上升的一个重要因素。发生事故不但造成人身伤亡和财产损失,同时对社会造成严重的危害。

第十一章
起重吊运指挥信号

在起重吊运安全作业中,指挥信号具有统一性、指令性,对转换塔机工作效能具有极其重要的作用。因此,塔机司机必须掌握指挥信号,并应落实到实际操作之中,从而实现塔机的安全运行。

第一节 起重吊运指挥信号

起重吊运指挥信号是指使用手势信号、旗语信号、音响信号、语言信号(对讲机)四种形式的指挥信号。《起重吊运指挥信号》(GB 5082—1985),对现场指挥人员和起重机司机所使用的基本信号和有关安全技术作了统一规定,形成统一的标准起重吊运指挥信号。

一、名词术语

(1)通用手势信号。指各种类型的起重机在起重吊运中普遍适用的指挥手势。

(2)专用手势信号。指具有特殊的起升、变幅、回转机构的起重机单独使用的指挥手势。

(3)吊钩。指空钩以及负有荷载的吊钩。

(4)起重机"前进"或"后退"。"前进"指起重机向指挥人员开来;"后退"指起重机离开指挥人员。

前、后、左、右在指挥语言中均以司机所在位置为基准。

(5) 音响符号。

"——"表示大于 1 s 的长声符号。

"●"表示小于 1 s 的短声符号。

"○"表示停顿的符号。

二、指挥人员使用的信号

1. 手势信号

起重人员使用手势信号分为通用手势信号和专用手势信号两种。

(1) 通用手势信号

1) "预备"(注意)。手臂伸直,置于头上方,五指自然伸开,手心朝前保持不动,如图 11—1 所示。

2) "要主钩"。单手自然握拳,置于头上,轻触头顶,如图 11—2 所示。

图 11—1　预备　　　　图 11—2　要主钩

3) "要副钩"。一只手握拳,小臂向上不动,另一只手伸出,手心轻触前只手的肘关节,如图 11—3 所示。

4) "吊钩上升"。小臂向侧上方伸直,五指自然伸开,高于肩部,以腕部为轴转动,如图 11—4 所示。

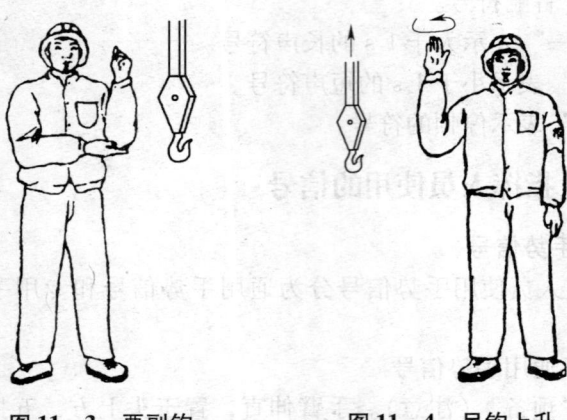

图 11—3　要副钩　　　　图 11—4　吊钩上升

5)"吊钩下降"。手臂伸向侧前下方,与身体夹角约成 30°,五指自然伸开,以腕部为轴转动,如图 11—5 所示。

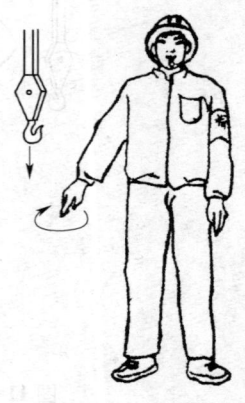

图 11—5　吊钩下降

6)"吊钩水平移动"。小臂向侧上方伸直,五指并拢手心朝外,朝负载应运行的方向,向下挥动到与肩相平的位置,如图 11—6 所示。

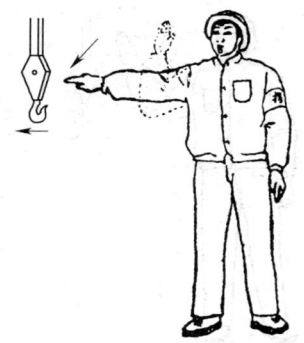 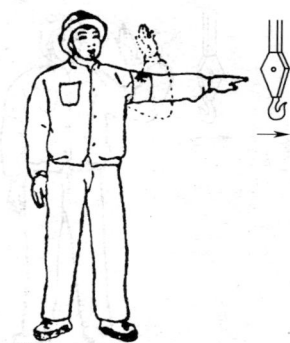

图 11—6　吊钩水平移动

7)"吊钩微微上升"。小臂伸向侧前上方，手心朝上高于肩部，以腕部为轴，重复向上摆动手掌，如图 11—7 所示。

8)"吊钩微微下落"。手臂伸向侧前下方，与身体夹角约成 30°，手心朝下，以腕部为轴，重复向下摆动手掌，如图 11—8 所示。

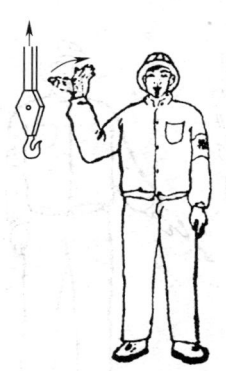 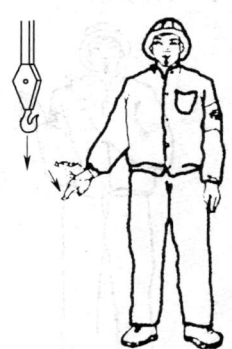

图 11—7　吊钩微微上升　　图 11—8　吊钩微微下落

9)"吊钩水平微微移动"。小臂向侧上方自然伸出，五指并拢手心朝外，朝负载应运行的方向重复做缓慢的水平运动，如图 11—9 所示。

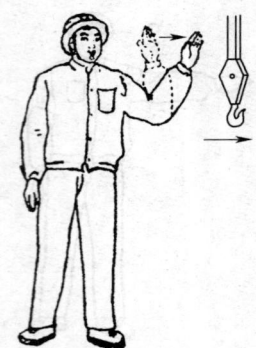

图 11—9　吊钩水平微微移动

10)"微动范围"。双小臂曲起,伸向一侧,五指伸直,手心相对,其间距与负载所要移动的距离接近,如图 11—10 所示。

11)"指示降落方位"。五指伸直,指出负载应降落的位置,如图 11—11 所示。

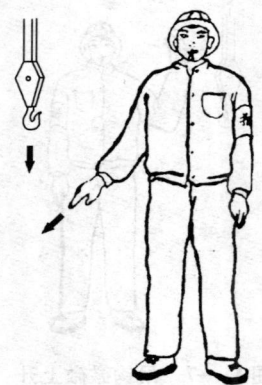

图 11—10　微动范围　　　图 11—11　指示降落方位

12)"停止"。小臂水平置于胸前,五指伸开,手心朝下,水平挥向一侧,如图 11—12 所示。

13)"紧急停止"。两小臂水平置于胸前,五指伸开,手心朝下,同时水平挥向两侧,如图 11—13 所示。

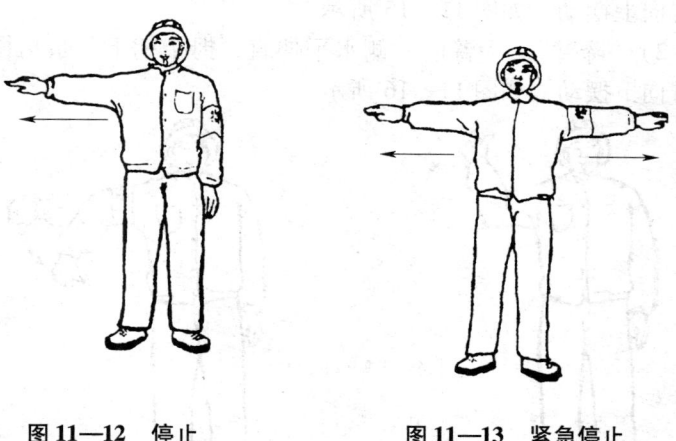

图 11—12 停止　　　　图 11—13 紧急停止

14)"工作结束"。双手五指伸开,在额前交叉,如图 11—14 所示。

图 11—14 工作结束

（2）专用手势信号

1）"升臂"。手臂向一侧水平伸直，拇指朝上，余指握拢，小臂向上摆动，如图11—15所示。

2）"降臂"。手臂向一侧水平伸直，拇指朝下，余指握拢，小臂向下摆动，如图11—16所示。

 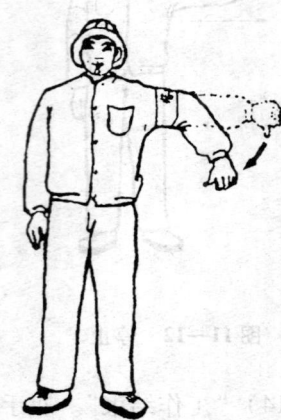

图11—15　升臂　　　　　　　图11—16　降臂

3）"转臂"。手臂水平伸直，指向应转臂的方向，拇指伸出，余指握拢，以腕部为轴转动，如图11—17所示。

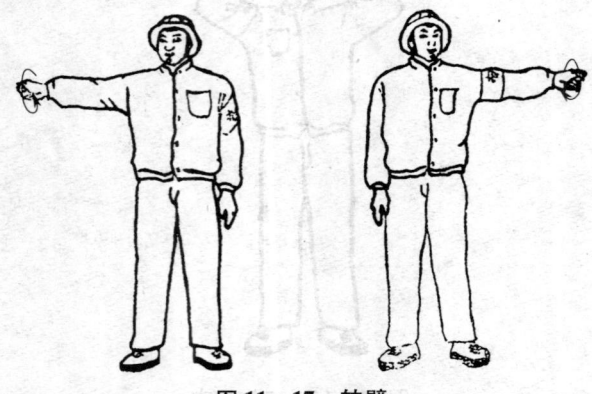

图11—17　转臂

4)"微微伸臂"。一只小臂置于胸前一侧,五指伸直,手心朝下,保持不动。另一只手的拇指对着前手手心,余指握拢,做上下移动,如图11—18所示。

5)"微微降臂"。一只小臂置于胸前一侧,五指伸直,手心朝上,保持不动,另一只手的拇指对着前手手心,余指握拢,做上下移动,如图11—19所示。

图 11—18 微微伸臂　　　　图 11—19 微微降臂

6)"微微转臂"。一只小臂向前平伸,手心自然朝向内侧。另一只手的拇指指向前手手心,余指握拢做转动,如图11—20所示。

图 11—20 微微转臂

7)"伸臂"。两手分别握拳,拳心朝上,拇指分别指向两侧,做相斥运动,如图11—21所示。

8)"缩臂"。两手分别握拳,拳心朝下,拇指对指,做相向运动,如图11—22所示。

图11—21 伸臂　　　　　　图11—22 缩臂

9)"起重机回转"。一只小臂水平前伸,五指自然伸出不动。另一只小臂在胸前做水平重复摆动,如图11—23所示。

图11—23 起重机回转

10)"起重机前进"。双手臂先后向前平伸,然后小臂曲起,五指并拢,手心对着自己,做前后运动,如图11—24所示。

11)"起重机后退"。双小臂向上曲起,五指并拢,手心朝向起重机,做前后运动,如图11—25所示。

图11—24 起重机前进

图11—25 起重机后退

12)"抓取"(吸取)。两小臂分别置于侧前方,手心相对,由两侧向中间摆动,如图11—26所示。

13)"释放"。两小臂分别置于侧前方,手心朝外,两臂分别向两侧摆动,如图11—27所示。

图11—26 抓取

图11—27 释放

14)"翻转"。一小臂向前曲起,手心朝上,另一小臂向前伸出,手心朝下,双手同时进行翻转,如图11—28所示。

2. 旗语信号

(1)"预备"。单手持红绿旗上举,如图11—29所示。

图11—28 翻转

图11—29 预备

(2)"要主钩"。单手持红绿旗,旗头轻触头顶,如图11—30所示。

(3)"要副钩"。一只手握拳,小臂向上不动,另一只手拢起红绿旗,旗头轻触前只手的肘关节,如图11—31所示。

图11—30 要主钩

图11—31 要副钩

(4)"吊钩上升"。绿旗上举,红旗自然放下,如图11—32所示。

(5)"吊钩下降"。绿旗拢起下指,红旗自然放下,如图11—33所示。

图11—32 吊钩上升

图11—33 吊钩下降

(6)"吊钩微微上升"。绿旗上举,红旗拢起横在绿旗上,互相垂直,如图11—34所示。

(7)"吊钩微微下降"。绿旗拢起下指,红旗横在绿旗下,互相垂直,如图11—35所示。

图11—34 吊钩微微上升

图11—35 吊钩微微下降

(8)"升臂"。红旗上举,绿旗自然放下,如图11—36所示。

(9)"降臂"。红旗拢起下指,绿旗自然放下,如图11—37所示。

图 11—36 升臂　　　　图 11—37 降臂

(10)"转臂"。红旗拢起,水平指向应转臂的方向,如图11—38所示。

图 11—38 转臂

(11)"微微升臂"。红旗上举,绿旗拢起横在红旗上,互相垂直,如图11—39所示。

(12)"微微降臂"。红旗拢起下指,绿旗横在红旗下,互相垂直,如图11—40所示。

图 11—39　微微升臂　　　　图 11—40　微微降臂

(13)"微微转臂"。红旗拢起,横在腹前,指向应转臂的方向;绿旗拢起,竖在红旗前,互相垂直,如图11—41所示。

图 11—41　微微转臂

(14)"伸臂"。两旗分别拢起,横在两侧,旗头外指,如图11—42所示。

(15)"缩臂"。两旗分别拢起,横在胸前,旗头对指,如图11—43所示。

图 11—42 伸臂

图 11—43 缩臂

(16)"微动范围"。两手分别拢旗,伸向一侧,其间距与负载所要移动的距离接近,如图11—44所示。

(17)"指示降落方位"。单手拢绿旗,指向负载应降落的位置,旗头进行转动,如图11—45所示。

图 11—44 微动范围

图 11—45 指示降落方位

(18)"起重机回转"。一只手拢旗,水平指向侧前方,另一只手持旗水平重复挥动,如图 11—46 所示。

图 11—46 起重机回转

(19)"起重机前进"。两旗分别拢起,向前上方伸出,旗头由前上方向后摆动,如图 11—47 所示。

(20)"起重机后退"。两旗分别拢起,向前伸出,旗头由前方向下摆动,如图 11—48 所示。

图 11—47 起重机前进　　图 11—48 起重机后退

(21)"停止"。单旗左右摆动,另一面旗自然放下,如图 11—49 所示。

图 11—49　停止

（22）"紧急停止"。双手分别持旗，同时左右摆动，如图 11—50 所示。

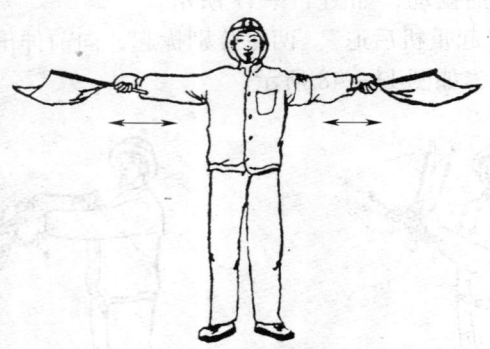

图 11—50　紧急停止

（23）"工作结束"。两旗拢起，在额前交叉，如图 11—51 所示。

3. 音响信号

（1）"预备"、"停止"。一长声——。

（2）"上升"。二短声●●。

图 11—51　工作结束

(3) "下降"。三短声●●●。
(4) "微动"。断续短声●○●○●。
(5) "紧急停止"。急促的长声——————。

4. 语言信号

(1) 开始、停止工作的语言（见表 11—1）

表 11—1　　　　开始、停止工作的语言

起重机的状态	指挥语言
开始工作	开始
停止和紧急停止	停
工作结束	结束

(2) 吊钩移动语言（见表 11—2）

表 11—2　　　　吊钩移动语言

吊钩的移动	指挥语言
正常上升	上升
微微上升	上升一点

续表

吊钩的移动	指挥语言
正常下降	下降
微微下降	下降一点
正常向前	向前
微微向前	向前一点
正常向后	向后
微微向后	向后一点
正常向右	向右
微微向右	向右一点
正常向左	向左
微微向左	向左一点

(3) 转台回转语言（见表11—3）

表11—3　　　　　　　转台回转语言

转台的回转	指挥语言
正常右转	右转
微微右转	右转一点
正常左转	左转
微微左转	左转一点

(4) 臂架移动语言（见表11—4）

表11—4　　　　　　　臂架移动语言

臂架的移动	指挥语言
正常伸长	伸长
微微伸长	伸长一点

续表

臂架的移动	指挥语言
正常缩回	缩回
微微缩回	缩回一点
正常升臂	升臂
微微升臂	升一点臂
正常降臂	降臂
微微降臂	降一点臂

三、司机使用的音响信号

（1）"明白"。服从指挥，发出一短声●。
（2）"重复"。请求重新发出信号，发出二短声●●。
（3）"注意"。发出长声——。

第二节 指挥信号的应用

一、指挥信号的适用范围

建筑施工现场所使用的塔机适用于《起重吊运指挥信号》（GB 5082—1985）标准的规定，同时，起重吊运指挥信号还适用于履带起重机、汽车起重机、轮胎起重机、铁路起重机、桥式起重机、门式起重机、浮式起重机、船用起重机等，但起重吊运指挥信号不适用于矿井提升设备、载人电梯设备。

二、信号的配合应用

1. 使用音响信号与手势或旗语信号的配合

(1) 在发出"上升"音响时,可分别与"吊钩上升""升臂""伸臂""抓取"手势或旗语相配合。在发出"下降"音响时,可分别与"吊钩下降""降臂""缩臂""释放"手势或旗语相配合。

(2) 在发出"微动"音响时,可分别与"吊钩微微上升""吊钩微微下降""吊钩水平微微移动""微微升臂""微微降臂"手势或旗语相配合。

(3) 在发出"紧急停止"音响时,可与"紧急停止"手势或旗语相配合。

(4) 在发出音响信号时,均可与上述未规定的手势或旗语相配合。

2. 指挥人员与司机之间的配合

(1) 指挥人员发出"预备"信号时,要目视司机,司机接到信号在开始工作前,应回答"明白"信号。当指挥人员听到回答信号后,方可进行指挥。

(2) 指挥人员在发出"要主钩""要副钩""微动范围"手势或旗语时,要目视司机,同时可发出"预备"音响信号,司机接到信号后,要准确操作。

(3) 指挥人员在发出"工作结束"的手势或旗语时,要目视司机,同时可发出"停止"音响信号,司机接到信号后,应回答"明白"信号方可离开岗位。

(4) 指挥人员对起重机械要求微微移动时,可根据需要,重复给出信号。司机应按信号要求,缓慢平稳操纵设备。除此之外,如无特殊需求(如船用起重机专用手势信号),其他指挥信号指挥人员都应一次性给出。司机在接到下一信号前,必须按原指挥信号要求操纵设备。

三、对信号(指挥人员)和司机的基本要求

1. 对使用信号的基本规定

(1) 指挥人员使用手势信号均以本人的手心、手指或手臂表示吊钩、臂杆和机械位移的运动方向。

(2) 指挥人员使用旗语信号均以指挥旗的旗头表示吊钩、臂杆和机械位移的运动方向。

(3) 在同时指挥臂杆和吊钩时,指挥人员必须分别用左手指挥臂杆,右手指挥吊钩。当持旗指挥时,一般用左手持红旗指挥臂杆,右手持绿旗指挥吊钩。

(4) 当两台或两台以上起重机同时在距离较近的工作区域内工作时,指挥人员使用音响信号的音调应有明显区别,并要配合手势或旗语指挥,严禁单独使用相同音调的音响指挥。

(5) 当两台或两台以上起重机同时在距离较近的工作区域内工作时,司机发出的音响应有明显区别。

(6) 指挥人员用"起重吊运指挥语言"指挥时,应讲普通话。

2. 指挥人员的职责及其要求

(1) 指挥人员应根据《起重吊运指挥信号》标准的信号要求与起重机司机进行联系。

(2) 指挥人员发出的指挥信号必须清晰、准确。

(3) 指挥人员应站在使司机能看清指挥信号的安全位置上。当跟随负载运行指挥时,应随时指挥负载避开人员和障碍物。

(4) 指挥人员不能同时看清司机和负载时。必须增设中间指挥人员以便逐级传递信号,当发现错传信号时,应立即发出停止信号。

(5) 负载降落前,指挥人员必须确认降落区域安全时方可发出降落信号。

(6) 当多人绑挂同一负载时,起吊前,应先做好呼唤应答,

确认绑挂无误后,方可由一人负责指挥。

(7) 同时用两台起重机吊运同一负载时,指挥人员应双手分别指挥各台起重机,以确保同步吊运。

(8) 在开始起吊负载时,应先用"微动"信号指挥。待负载离开地面 100~200 mm 稳妥后,再用正常速度指挥。必要时,在负载降落前也应使用"微动"信号指挥。

(9) 指挥人员应佩戴鲜明的标志,如标有"指挥"字样的臂章、特殊颜色的安全帽、工作服等。

(10) 指挥人员所戴手套的手心和手背要易于辨别。

3. 起重机司机的职责及其要求

(1) 司机必须听从指挥人员的指挥,当指挥信号不明时,司机应发出"重复"信号询问,明确指挥意图后,方可开车。

(2) 司机必须熟练掌握标准规定的通用手势信号和有关的各种指挥信号,并与指挥人员密切配合。

(3) 当指挥人员所发信号违反《起重吊运指挥信号》标准的规定时,司机有权拒绝执行。

(4) 司机在开车前必须鸣铃示警,必要时,在吊运中也要鸣铃,通知受负载威胁的地面人员撤离。

(5) 在吊运过程中,司机对任何人发出的"紧急停止"信号都应服从。

4. 管理方面的有关规定

(1) 对起重机司机和指挥人员,必须由有关部门进行《起重吊运指挥信号》标准的安全技术培训,经考试合格,取得合格证后方能操作或指挥。

(2) 音响信号是手势信号或旗语的辅助信号,使用单位可根据工作需要确定是否采用。

(3) 指挥旗颜色为红、绿色,应采用不易退色、不易产生褶皱的材料,尺寸规定:面幅应为 400 mm×500 mm,旗杆直径应为 25 mm,旗杆长度应为 500 mm。

第三节 司索信号工安全技术

一、司索信号工的工作特点

1. 危险性大

起重机搬运的吊物质量重、体积大,悬吊的重物在空中运移势能高、涉及面大,这种运行方式对地面人员和设备造成很大的危险性。

2. 协同作业

整个搬运过程既需要司索工与起重工进行地空的垂直沟通,又需要指挥和司索工在地面的横向协调。对于大型和精密的物件,捆绑挂钩和摘钩卸物往往需要多人配合完成。严密的组织和良好的配合是保障安全的重要条件。

3. 专业性强

其他机械的作业人员往往是针对相对固定的一台机器进行操作,而诸如装卸场所的司索工常常要与各种类型的起重机械打交道。另外,搬运作业对象是品种繁多的物料,因此,司索信号工需要具备起重机和搬运物料多方面的知识与技能。

二、司索信号工应具备的知识和技能

司索信号工不仅需要良好的身体条件,还要具有一定的文化程度和起重作业应有的基本知识和技能。

1. 基础理论知识

普通数学,包括面积、体积、三角函数计算;物理学,包括质量、重心、摩擦力、惯性力的基本知识;力学,包括受力分析、力的合成与分解、力矩计算;工程计算,包括材料强度、载荷与应力、安全系数等。

2. 起重设备与工具的安全使用技能

了解起重机的主要技术参数、使用要求和注意事项；熟知常用起重工具的性能、规格、用途；会进行吊索、吊链的受力计算，掌握报废标准；掌握进行安全检查的基本技能，并合理使用，会保养；可以制作满足安全技术要求的简单吊具（如绳的连接、固定、打结等）。

3. 基本安全知识

了解自己所从事工作的特殊性，并学会识别具体作业过程中的危险因素；能初步进行事故预测和分析，对可能发生的事故有针对性的预防措施；掌握事故发生时自保、他保和现场救护的应急技术，最大限度地降低风险。

4. 专业技术知识

熟知起重信号，了解各种起重机械的技术性能及技术参数，掌握安全装置的可靠程度，正确理解并掌握施工吊装方案中的技术要素。

5. 专业安全技能

起重司索信号工应掌握并执行"五不挂"规定。

（1）起重或吊物质量不明不挂。

（2）重心位置不清楚不挂。

（3）尖棱利角和易滑工件无衬垫物不挂。

（4）吊具及配套工具不合格或报废不挂。

（5）包装松散、捆绑不良不挂。

三、司索信号工安全要求

（1）作业前，应穿戴好安全帽及其他防护用品。

（2）根据吊重物体的具体情况选择相适应的吊具与索具。

（3）作业前应对吊具与索具进行检查后，方可投入使用。

（4）起升重物前，应检查连接点是否牢固可靠。

（5）吊具承载时不得超过额定起重量，吊索不得超过安全工作载荷（含高低温、腐蚀等特殊工况）。

（6）作业中不得损坏吊件、吊具与索具，必要时应在吊件与吊索的接触处加保护衬垫。

（7）起重机吊钩的吊点应与吊物重心在同一条垂直线上，使吊物处于稳定平衡状态。

（8）禁止司索或其他人员站在吊物上一同起吊，严禁司索人员停留在吊物下。

（9）起吊重物时，司索人员应与重物保持一定的安全距离。

（10）应做到经常清理作业现场，保持道路、安全通道畅通无阻。

（11）听从指挥人员的指挥，发现不安全情况时及时通知指挥人员。

（12）经常保养吊具、索具，以确保使用安全可靠，并延长使用寿命。

（13）在高空作业时，应严格遵守高空作业的安全要求。

（14）捆绑后留出的绳头，必须紧绕在吊钩或吊物上，以防止吊物移动时，挂住沿途人员或物件。

（15）吊运成批零散物件，必须使用专门吊篮、吊斗等器具，同时吊运两件以上重物，要保持平稳，不得碰撞。

（16）吊重物就位前，要垫好衬木，要对形状不规则的物体加支撑，以保持平衡，不得将物件压在电气线路和管道上面或堵塞通道，物件堆放要整齐、平稳。

（17）对于卸往运输车辆上的吊物，应注意观察其重心是否平稳，确认不会倾倒时，方可松绑、卸物。

（18）吊运化学危险物品，要严格遵守国务院颁布的《化学危险品安全管理条例》有关规定。

（19）工作结束后，所使用的索具、吊具应放置在规定的地点，加强维护保养，达到报废标准的索具、吊具要及时更换。

四、起重司索信号工实际操作基本要求

1. 准备吊具

作业前必须对绳索、卸夹、滑轮、手拉葫芦等起重工具进行检查，确认完好无损方可使用；对吊物的质量和重心估计要准确，如果是目测估算，应增大 20% 的质量来选择吊具，每次吊装都要对吊具进行认真的安全检查，如果是旧吊索应根据情况降级使用，绝不可侥幸超载或使用已报废的吊具。

2. 捆绑吊物

对吊物进行必要的归类、清理和检查，吊物不能被其他物体挤压，被埋或被冻的吊物要完全挖出。切断与周围管、线的一切联系，防止造成超载；清除吊物表面及其空腔内的杂物，将可移动的零件锁紧或捆牢，形状或尺寸不同的物品不经特殊捆绑不得混吊，以防止坠落伤人；吊物捆扎部位的毛刺要打磨平滑，尖棱利角处应加垫物，防止起吊吃力后损坏吊索；对于表面光滑的吊物，应采取措施来防止起吊后吊索滑动或吊物滑脱；吊运大而重的物体应加诱导绳，诱导绳长应能使司索工既可握住绳头，同时又能避开吊物正下方为宜，以便发生意外时司索工可利用该诱导绳控制吊物。

3. 挂钩起钩

吊钩应位于被吊物重心的正上方，不准斜拉吊钩硬挂，以防止提升后吊物翻转、摆动。对于高大吊物，需要垫脚踏物攀高挂钩、摘钩时，一定要稳固垫实脚踏物，禁止使用易滚动物体（如圆木、管子、滚筒等）作为脚踏物。

4. 高处起重作业

攀高人员必须系好安全带，以防止坠落跌伤；将不安全隐患消除在挂钩前；当多人吊挂同一吊物时，应由一专人负责指挥，在确认吊挂完备且所有人员都撤至安全位置以后，才可发出起钩信号；起钩时，地面人员不应站在吊物倾翻、坠落时可

能波及的地方；如果作业场地为坡面，则应站在坡面上方（不可站在死角），以防止吊物坠落后继续沿坡面滚移伤人。

5. 摘钩卸载

吊物运输到位前，应选择好安放位置，卸载时不要挤压电气线路和其他管线，不要阻塞通道；针对不同吊物种类应采取不同的措施加以支撑、垫稳、归类摆放，不得混码、互相挤压、悬空摆放，防止吊物滚落、侧倒、塌垛；应等所有吊索完全松弛后再摘钩，确认所有绳索从钩上卸下后再起钩，不允许抖绳摘索，更不许利用起重机抽索。

附件1 建筑起重机械司机（塔式起重机）安全技术考核大纲

第一部分 安全技术理论

一、安全生产基本知识

（1）了解建筑安全生产法律法规和规章制度。
（2）熟悉有关特种作业人员的管理制度。
（3）掌握从业人员的权利义务和法律责任。
（4）熟悉高处作业安全知识。
（5）掌握安全防护用品的使用方法。
（6）熟悉安全标志、安全色的基本知识。
（7）了解施工现场的消防知识。
（8）了解现场急救知识。
（9）熟悉施工现场安全用电基本知识。

二、专业基础知识

（1）了解力学基本知识。
（2）了解电工基础知识。
（3）熟悉机械基础知识。
（4）了解液压传动知识。

三、专业技术理论

(1) 了解塔式起重机的分类。
(2) 熟悉塔式起重机的基本技术参数。
(3) 熟悉塔式起重机的基本构造与组成。
(4) 熟悉塔式起重机的基本工作原理。
(5) 熟悉塔式起重机的安全技术要求。
(6) 熟悉塔式起重机安全防护装置的结构、工作原理。
(7) 了解塔式起重机安全防护装置的维护保养、调试。
(8) 熟悉塔式起重机的试验方法和程序。
(9) 熟悉塔式起重机常见故障的判断与处置方法。
(10) 熟悉塔式起重机的维护与保养的基本常识。
(11) 掌握塔式起重机主要零部件及易损件的报废标准。
(12) 掌握塔式起重机的安全技术操作规程。
(13) 了解塔式起重机常见事故原因及处置方法。
(14) 掌握《起重吊运指挥信号》(GB 5082—1985) 内容。

第二部分　安全操作技能

(1) 掌握吊起水箱定点停放操作技能。
(2) 掌握吊起水箱绕木杆运行和击落木块的操作技能。
(3) 掌握常见故障识别判断的能力。
(4) 掌握塔式起重机吊钩、滑轮和钢丝绳的报废标准。
(5) 掌握识别起重吊运指挥信号的能力。
(6) 掌握紧急情况处置技能。

附件2 建筑起重机械司机(塔式起重机)安全技术操作技能考核标准

一、起吊水箱定点停放(见图1、表1)

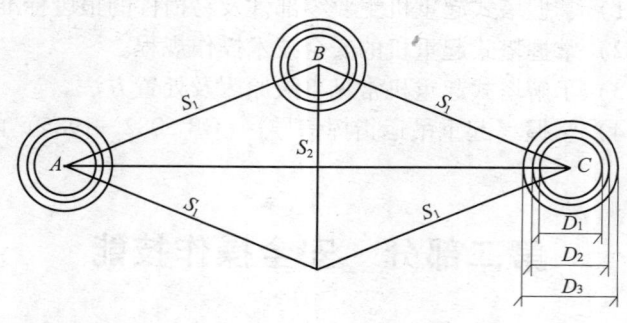

图1 起吊水箱定点停放位置示意图

表1 塔机高度与停放距离   m

起重机高度	S_1	S_2	D_1	D_2	D_3
$20 \leqslant H \leqslant 30$	18	13	1.7	1.9	2.1

1. 考核设备和器具

(1)设备。QTZ系列固定式塔式起重机1台,起升高度为

20~30 m。

（2）吊物。水箱1个，水箱外形尺寸1 000 mm×1 000 mm×1 000 mm，水面距箱口200 mm，吊钩距箱口1 000 mm。

（3）其他器具。起重吊运指挥信号用红、绿色旗1套，指挥用哨子1只，计时器1个。

（4）个人安全防护用品。

2．考核方法

考生接到指挥信号后，将水箱由 A 圆吊起，先后放入 B 圆、C 圆内，再将水箱由 C 圆吊起，返回放入 B 圆、A 圆内，最后将水箱由 A 圆吊起，直接放入 C 圆内。水箱由各处吊起时均距地面4 000 mm，每次下降途中准许各停顿两次。

（1）考核时间。4 min。

（2）考核评分标准。满分40分。考核评分标准见表2。

表2　　　　　　　考核评分标准

序号	扣分项目	扣分值
1	送电前，各控制器手柄未放在零位	5分
2	作业前，未进行空载运转	5分
3	回转、变幅和吊钩升降等动作前，未发出音响信号示意	5分/次
4	水箱出内圆（D_1）	2分
5	水箱出中圆（D_2）	4分
6	水箱出外圆（D_3）	6分
7	洒水	1~3分/次
8	未按指挥信号操作	5分/次
9	起重臂和重物下方有人停留、工作或通过时，未停止操作	5分
10	停机时，未将每个控制器拨回零位，未依次断开各开关，未关闭操纵室门窗	5分/项

二、起吊水箱绕木杆运行和击落木块(见图2、表3)

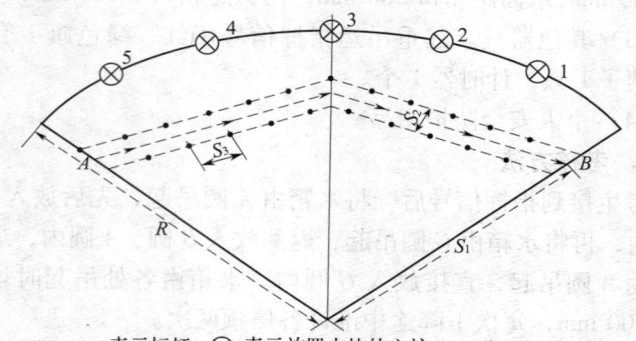

· 表示标杆,⊗ 表示放置木块的立柱,→ 表示运行方向

图2 起吊水箱绕木杆运行示意图

表3　　　　　　　塔机高度与停放距离　　　　　　　　　m

起重机高度	R	S_1	S_2	S_3
$20 \leqslant H \leqslant 30$	19	15	2.0	2.5

1. 考核设备和器具

(1)设备。QTZ系列固定式塔式起重机1台,起升高度为20~30 m。

(2)吊物。水箱1个,水箱外形尺寸1 000 mm×1 000 mm×1 000 mm,水面距箱口200 mm,吊钩距箱口1 000 mm。

(3)标杆23根,每根高2 000 mm,直径20~30 mm;底座23个,每个直径300 mm、厚度10 mm。

(4)立柱5根,高度依次为1 000、1 500、1 800、1 500、1 000 mm,均匀分布在弧线上;立柱顶端分别立着放置200 mm×200 mm×300 mm的木块。

(5)其他器具。起重吊运指挥信号用红、绿色旗1套,指挥用哨子1只,计时器1个。

（6）个人安全防护用品。

2. 考核方法

考生接到指挥信号后，将水箱由 A 处吊离地面 1 000 mm，按图 2 所示路线在杆内运行，行至 B 处上方，即反向旋转，并用水箱依次将立柱顶端的木块击落，最后将水箱放回 A 处。在击落木块的运行途中不准开倒车。

（1）考核时间。4 min。具体可根据实际考核情况调整。

（2）考核评分标准。满分 40 分。考核评分标准见表 4。

表 4　　　　　　　　考核评分标准

序号	扣分项目	扣分值
1	送电前，各控制器手柄未放在零位	5 分
2	作业前，未进行空载运转	5 分
3	回转、变幅和吊钩升降等动作前，未发出音响信号示意	5 分/次
4	碰杆	2 分/次
5	碰倒杆	3 分/次
6	碰立柱	3 分/次
7	未击落木块	3 分/个
8	未按指挥信号操作	5 分/次
9	起重臂和重物下方有人停留、工作或通过时，未停止操作	5 分
10	停机时，未将每个控制器拨回零位，未依次断开各开关，未关闭操纵室门窗	5 分/项

三、故障识别判断

1. 考核设备和器具

（1）塔式起重机设置安全限位装置失灵、制动器失效等故障或图示、影像资料。

（2）其他器具。计时器 1 个。

2. 考核方法

由考生识别判断塔机安全限位装置失灵、制动器失效等故障或图示、影像资料。对每个考生只设置一种。

(1) 考核时间。10 min。

(2) 考核评分标准。满分 5 分。在规定时间内正确识别判断的,得 5 分。

四、零部件的判废

1. 考核器具

(1) 塔式起重机零部件(吊钩、钢丝绳、滑轮等)实物或图示、影像资料(包括达到报废标准和有缺陷的)。

(2) 其他器具。计时器 1 个。

2. 考核方法

从塔机零部件实物或图示、影像资料中随机抽取 2 件(张),由考生判断其是否达到报废标准并说明原因。

(1) 考核时间。5 min。

(2) 考核评分标准。满分 5 分。在规定时间内正确判断并说明原因的,每项得 2.5 分;判断正确但不能准确说明原因的,每项得 1.5 分。

五、识别起重吊运指挥信号

1. 考核器具

(1) 起重吊运指挥信号图示、影像资料等。

(2) 其他器具。计时器 1 个。

2. 考核方法

考评人员做 5 种起重吊运指挥信号,由考生判断其代表的含义;或从一组指挥信号图示、影像资料中随机抽取 5 张,由考生回答其代表的含义。

(1) 考核时间。5 min。

（2）考核评分标准。满分 5 分。在规定时间内每正确回答一项，得 1 分。

六、紧急情况处置

1．考核器具

（1）设置塔式起重机钢丝绳意外卡住、吊装过程中遇到障碍物等紧急情况或图示、影像资料。

（2）其他器具。计时器 1 个。

2．考核方法

由考生对钢丝绳意外卡住、吊装过程中遇到障碍物等紧急情况或图示、影像资料中的紧急情况进行描述，并口述处置方法。对每个考生只设置一种。

（1）考核时间。10 min。

（2）考核评分标准。满分 5 分。在规定时间内对存在的问题描述正确并正确叙述处置方法的，得 5 分；对存在的问题描述正确，但未能正确叙述处置方法的，得 3 分。

参考文献

1. 住房和城乡建设部工程质量安全监管司. 塔式起重机司机. 北京：中国建设出版社，2009
2. 住房和城乡建设部工程质量安全监管司. 塔式起重机安装拆卸工. 北京：中国建筑工业出版社，2009
3. 建筑用塔式起重机技术与管理. 合肥：安徽科技出版社，2008
4. 起重机 钢丝绳 保养、维护、安装、检验和报废（GB/T 5972—2009）
5. 浙江省特种设备检验中心. 塔式起重机司机与安装维修. 2002
6. 起重吊运指挥信号（GB 5082—1985）